Nebil

Programmation linéaire

Dans la même collection

dirigée par Vincent Giard

1. Giard Vincent, *Statistique descriptive pour les gestionnaires.*
2. Flory André et Laforest Frédérique, *Les bases de données relationnelles.*
3. Daudin Jean-Jacques et Tapiero Charles S., *Les outils et le contrôle de la qualité.*
4. Ayache Madjid et Flory André, *Approche orientée objet.*
5. Marciniak Rolande et Rowe Frantz, *Systèmes d'information, dynamique et organisation.*
6. Pellegrin Claude, *Fondements de la décision de maintenance.*
7. Jacquet-Lagrèze Eric, *Programmation linéaire-Modélisation et mise en œuvre informatique.*
8. Giard Vincent, *Processus productifs et programmation linéaire.*

Programmation linéaire

Modélisation
et mise en œuvre informatique

Éric JACQUET-LAGRÈZE

ECONOMICA
49, rue Héricart, 75015 Paris

DU MÊME AUTEUR

Eric JACQUET-LAGRÈZE et Jean SISKOS, ***Méthode de décision multicritère***, Éditions Hommes et Techniques, 1983.

CHAPITRE I

Aide à la décision et Optimisation

1. Importance de l'optimisation dans la gestion

Quels sont les points communs entre la mise à jour des programmes de vol de la compagnie Air-France pour la prochaine saison IATA, l'élaboration des horaires de chauffeurs de bus de la RATP, l'établissement de plans de montage (programmes de fabrication) à court terme ou à long terme de Renault, la décision d'achat de matières premières d'un fabricant d'aliments pour animaux, ou encore la conception par un équipementier automobile du meilleur ensemble de câblages électriques de voitures pour ses clients PSA, Renault, Ford ... ?

Ces situations sont d'abord caractérisées par un ensemble de **décisions interdépendantes**. Vous ne pouvez pas affecter un avion sur un vol Paris-londres, sans tenir compte des autres horaires sur cette liaison, de ce que fera votre avion une fois arrivé à Londres (fera-t-il le retour sur Paris ou doit-il aller à Nice ?), ou encore de l'affectation des autres avions de la flotte (ne faut-il pas mettre un avion apparemment trop gros à cette heure matinale, sachant que les autres avions de la flotte devront être affectés à des vols encore moins chargés ?).

Ces décisions sont interdépendantes, car elles consomment des ressources qu'il convient de partager. Les ressources disponibles sont des contraintes à respecter. De plus c'est l'ensemble des décisions interdépendantes pris dans sa globalité qui doit être apprécié en tant que programme de vol, de fabrication de voitures ou d'achat de matières premières destinées à la fabrication d'aliments. Pour mesurer l'impact de votre décision d'affectation d'un avion à un vol sur les résultats de l'entreprise, vous devez considérer l'ensemble des affectations. Vous aurez par exemple intérêt à ne pas affecter le meilleur avion à tel vol pour le réserver à un autre vol dont la rentabilité est encore meilleure.

Le dernier point commun à toutes ces situations, et c'est là l'objet de ce livre, est le recours à la **programmation linéaire** comme technique de base pour proposer une solution capable de respecter l'ensemble des contraintes et permettant d'optimiser un ou plusieurs critères (maximiser une marge, minimiser des coûts, lisser au mieux une production, maximiser le nombre de services directs, c.a.d. sans coupure longue et non payée, pour des chauffeurs de bus, etc..).

Les situations d'interdépendance et l'aspect combinatoire qui en résulte, ne sont qu'une des sources de complexité rencontrées dans la prise de décision. D'autres situations sont davantage caractérisées par l'incertitude, le caractère aléatoire des conséquences de chaque décision, l'aspect dynamique ou séquentiel des décisions, la présence de critères multiples et conflictuels dans l'évaluation des décisions possibles, ou encore le jeu des acteurs intervenant dans un processus de décision. Toutes ces composantes viennent souvent compliquer l'analyse d'un problème et modifier la conception du système d'aide à la décision que l'on souhaite mettre en place. Des techniques d'optimisation sous contraintes dans les entreprises d'aujourd'hui permettent de proposer des solutions améliorant la productivité de l'entreprise (abaissement des coûts de revient, augmentation des marges). Elles s'insèrent le plus souvent dans un **SIAD** (*Système Interactif d'Aide à la Décision*) et remplissent une fonction de construction automatique de solutions permettant d'optimiser un ou plusieurs critères. Le modèle d'optimisation n'est qu'un composant parmi d'autres dans une application informatique faisant également appel à d'autres technologies de l'information telles que les bases de données, les interfaces homme-machine graphiques par exemple.

Bien que l'on parle d'**optimisation** dans ce livre, les modèles faisant appel aux techniques de programmation linéaire seront la plupart du temps intégrés dans une application informatique de gestion et d'aide à la décision ciblée sur un métier, et seront à peine visibles de l'extérieur. Telle entreprise vendra sur un marché qui devient mondial, des logiciels de construction des horaires de chauffeurs de bus avec **construction manuelle et automatique** (*comprenez ayant recours à des techniques d'optimisation telle que la programmation linéaire*). Telle autre vendra à une compagnie aérienne une application informatique d'affectation de flotte, ou encore de *yield management*. Aucune de ces entreprises ne vendra stricto sensu de la programmation linéaire. Pourtant la programmation linéaire et la maîtrise de son application en milieu industriel sont à la base de la performance des logiciels qu'elles vendent. GIRO société canadienne est aujourd'hui leader mondial sur le marché des logiciels de constructions des horaires de chauffeurs de bus. SDT (Sabre Decision Technologies) est le leader mondial dans le domaine des logiciels adaptés au transport aérien. Et c'est SDT qui a fourni les modules d'optimisation nécessaires au *yield management* utilisés par la SNCF dans l'application SOCRATE. En France, EURO-DECISION est une société dont le métier consiste à concevoir et réaliser des Systèmes d'Aide à la Décision faisant très largement appel à la programmation linéaire. Elle a aidé de grandes entreprises françaises et étrangères à tirer parti de cette technologie dans de très nombreuses applications de gestion faisant appel à l'optimisation des ressources de l'entreprise.

2. Trois exemples introductifs

Pour introduire notre sujet, nous prendrons quelques exemples, volontairement simplifiés, que nous aurons l'occasion d'enrichir dans la progression de ce livre.

2.1. *Le problème de transport*

Le problème de distribution le plus simple est ce que l'on appelle en Recherche Opérationnelle le **problème de transport**. Ce problème est caractérisé par:

- un produit unique à distribuer depuis des dépôts jusqu'aux clients,
- un ensemble de clients (C1, C2, C3, C4), chaque client ayant une demande du produit caractérisée par sa quantité (C1: 200, C2: 400 ...),
- un ensemble de dépôts (D1, D2, D3) ayant le produit disponible en quantité limitée (D1: 500, D2: 300, D3: 400),
- un ensemble de coûts unitaires de liaisons (dépôt-client), des distances par exemple (10 de D1 à C1, 8 de D1 à C2, ...)

TABLEAU 1

Problème de transport: coûts, capacités, demande

DEPOTS	C1	C2	C3	C4	Capacités
D1	10	8	5	9	500
D2	7	5	5	3	300
D3	11	10	8	7	400
Demandes	200	400	300	100	

Résoudre ce problème consiste à trouver un ensemble de valeurs dans les cases du deuxième tableau de la figure 1, page 8, de façon à respecter les contraintes. Un programme de transport respectant toutes les contraintes est un **programme réalisable**. Si vous avez l'habitude d'utiliser un tableur, vous saurez aisément construire une feuille de calcul, en reproduisant dans une zone les données du tableau 1, et en préparant une zone de décision telle qu'elle apparaît dans la figure 1 (B11 à E13). Dans la ligne «Total livré», vous ferez apparaître la somme des quantités livrées à chaque client. Dans la colonne «Total départ», vous mettrez la somme des quantités distribuées depuis chaque dépôt. Enfin vous calculerez le coût total en G15, obtenu en multipliant les quantités par les coûts unitaires du tableau 1 et en faisant la somme sur toutes les cases correspondantes (cf. figure 1).

FIGURE 1
Feuille de calcul Excel du problème de transport

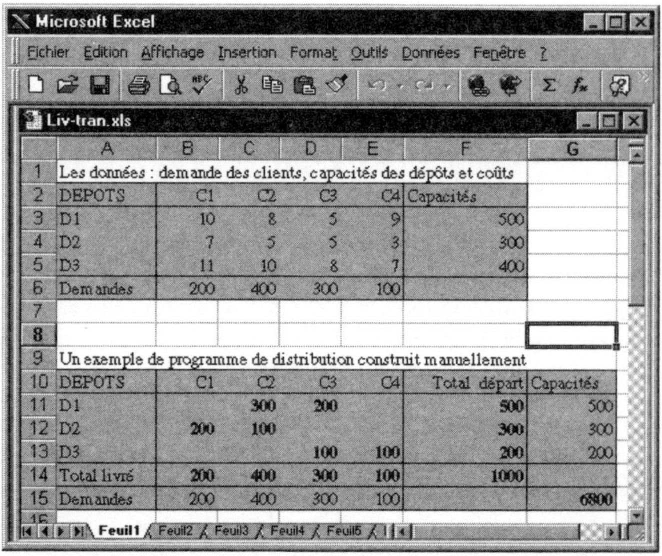

	A	B	C	D	E	F	G
1	Les données : demande des clients, capacités des dépôts et coûts						
2	DEPOTS	C1	C2	C3	C4	Capacités	
3	D1	10	8	5	9	500	
4	D2	7	5	5	3	300	
5	D3	11	10	8	7	400	
6	Demandes	200	400	300	100		
7							
8							
9	Un exemple de programme de distribution construit manuellement						
10	DEPOTS	C1	C2	C3	C4	Total départ	Capacités
11	D1		300	200		500	500
12	D2	200	100			300	300
13	D3			100	100	200	200
14	Total livré	200	400	300	100	1000	
15	Demandes	200	400	300	100		6800

Sur cet exemple de très petite taille, vous allez assez facilement construire un programme de distribution réalisable, et même de coût relativement faible en suivant une stratégie de bon sens. On peut par exemple traiter les commandes des clients (colonnes) dans l'ordre dans lequel elles apparaissent, et pour chaque client le desservir en se servant en priorité dans le dépôt le plus proche (le moins coûteux). Cette stratégie conduit au plan de distribution dont le coût est de 6800.

Peut-on trouver un plan optimal, c.a.d. minimisant le coût total de distribution. La programmation linéaire permettra de répondre avec certitude à cette question, comme on le verra au chapitre II. Il existe en effet un plan optimal dont le coût est 6600.

2.2. Le problème de mélange : la formulation d'aliment

Une des applications les plus classiques de la programmation linéaire est le **problème de mélange** de matières premières permettant de fabriquer un produit de composition voulue à moindre coût. Les pétroliers ont adopté cette technique depuis les années 1960. Total par exemple utilise régulièrement un modèle de Programmation linéaire pour piloter chacune de ses raffineries (cf. Noisier, [21]).

De même, en alimentation pour animaux, il existe un métier : celui de formulateur nutritionniste (cf. Blondet, [4]). Ce métier exige une connaissance agronomique permettant de définir quels sont les composants, en partie substituables, que l'on peut incorporer dans une formule d'aliments pour porc, veau ou poulet, de façon à garantir des qualités nutritionnelles. L'activité de fabrication d'aliments pour animaux est caractérisée par des volumes considérables (matières premières achetées et aliments produits) et des marges unitaires très faibles. Et le recours à des techniques d'optimisation est particulièrement crucial. En effet, le coût des matières premières est très fluctuant, et dépend des cours sur un marché mondial, de la valeur du dollar, du prix du fret, des aides de la CEE. Bref, optimiser les achats revient à modifier la composition des formules d'aliment lors de chaque achat de matières premières, tout en garantissant une qualité très rigoureuse des caractéristiques nutritionnelles des aliments, et en tenant compte des prix d'acquisition des matières premières ; et ceci de façon à minimiser le prix de revient de fabrication des différentes formules commandées dans la semaine ou le mois.

Une formule d'aliment comprend jusqu'à une cinquantaine de matières premières candidates, et une trentaine de contraintes nutritionnelles, ce qui représente, on le verra, un tout petit programme linéaire. On parle alors d'*optimisation simple*. Cependant, une entreprise fabrique des centaines de formules différentes, et lorsque des contraintes portent sur la disponibilité de matières premières communes (blé, soja ...), liée aux stocks ou à la possibilité d'achat d'un lot entier (un cargo), l'entreprise est conduite à pratiquer une optimisation globale, c.a.d. portant sur l'ensemble des formules à la fois. Une entreprise comme Guyomarc'h possède ainsi à son catalogue 5000 formules d'aliment et pratique environ 7000 optimisations simples ou globales par mois. Des logiciels spécialisés existent, tels que le logiciel ALIX de la société SCIA, logiciel pour lequel EURO-DECISION a réalisé le module d'optimisation interactive.

Les données relatives à un problème de formulation sont présentées dans les deux tableaux suivants. Le tableau 2 donne le prix de chaque matière première et les pourcentages minimum et maximum autorisés dans la formule. La colonne «composition» exprimée en pourcentage sera calculée par optimisation.

TABLEAU 2
Prix des matières premières et composition

N°	Matière Première	Prix	Min	Composition†	Max
5	Blé standard	135,00	0	0,000	30
10	Mais standard	140,00	0	0,000	100
14	Orge 2 rangs	132,80	0	40,541	100
29	Pois printemps	150,00	0	20,000	20
43	Manioc amidon	110,00	0	10,000	10
58	T Soja 48 %	180,00	0	5,048	100
65	T. Tournesol	261,00	0	0,000	7,5

†. La somme des pourcentages n'est pas égale à 100 car il s'agit d'un extrait du tableau complet)

TABLEAU 3
Contraintes nutritionnelles†

N°	Caractéristiques	Min	valeur	Max	Matières premières‡				
					5	10	14	29	…
2	Protéine BR	14,00	14,270	999	11,8	8,65	10,7	21,3	…
6	Cell BR	5,00	5,619	7	2,3	2,7	4,85	5,05	…
10	Calcium	1,00	1,000	1,2	0,05	0,02	0,06	0,09	…
11	Phos. Tot	0,80	1,066	999	0,34	0,27	0,35	0,38	…
20	Lysine	0,75	0,750	999	0,33	0,25	0,39	1,58	…
22	M+C	0,50	0,554	999	0,47	0,39	0,43	0,53	…
24	Trypto	0,14	0,154	999	0,14	0,06	0,12	0,17	…
32	UF Porc	95,00	95,000	999	107	112	100,5	108	…
		100,0	100,00	100	1	1	1	1	1

†. La dernière ligne du tableau représente la contrainte de répartition (somme des pourcentages = 100)

‡. Matières premières 5 (Blé), 10 (Mais), 14 Orge, …

Le tableau 3 donne une liste de contraintes nutritionnelles, les valeurs minimales requises et maximales admissibles, et enfin la contribution de chaque matière première (MP5, MP10, MP14, MP29 …) dans la caractéristique nutritionnelle que l'on souhaite garantir (au moins 14 de Protéine BR, entre 5 et 7 de Cell BR …).

2.3. *Le problème de constructions d'horaires*

De nombreuses entreprises sont confrontées à des **problèmes de construction d'horaires** du personnel, pour faire face à une charge de travail non stockable et difficile à lisser. C'est le cas d'entreprises de services aéroportuaires, dont la charge de travail est étroitement liée aux horaires des avions des compagnies clientes. Mais on peut citer également la construction d'horaires de guichetiers de postes ou de banques, d'agents de caisses de supermarché, du personnel de centres de réservation téléphonique …

Compte tenu de standards de qualité de service (un temps d'attente maximum aux guichets …), la charge de travail peut être représentée par une courbe de charge, exprimant le nombre d'agents requis durant chaque période de temps élémentaire (par pas de 10 ou 15 minutes ou plus par exemple).

FIGURE 2
Graphe de la courbe de charge sur 24 heures

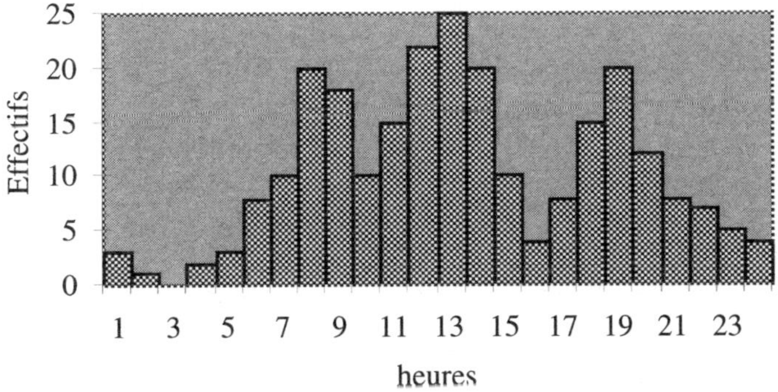

TABLEAU 4
Horaires : charge sur 24 heures (pas d'une heure)

heure	1	2	3	4	5	6	7	8	9	10	11	12
charge	3	1	0	2	3	8	10	20	18	10	15	22
heure	13	14	15	16	17	18	19	20	21	22	23	24
charge	25	20	10	4	8	15	20	12	8	7	5	4

Dans notre exemple simplifié représenté au tableau 4, nous avons retenu 24 pas de temps de 1 heure, sur une journée de 24 heures. Cette courbe de charge comprend une pointe du matin (20 agents), une pointe de 12 heures (25 agents), et une pointe du soir (20 agents). La surface totale sous la courbe de charge représente le nombre total d'heures à effectuer. Ce nombre étant de 250 heures, si on considère des journées effectives de 8 heures de travail, on constate aisément qu'il faudra au moins 250 / 8 = 31,25, soit 32 agents au moins pour couvrir la charge. Il en faudra cependant beaucoup plus. En effet, si on considère des horaires sans coupure par exemple, un même agent ne peut être présent de 8 heures à 19 heures. Il faut par conséquent au moins 20 agents pour couvrir la pointe du matin et 20 agents pour couvrir celle du soir. On peut donc anticiper un nombre minimum de 40 agents. Ce qui équivaut à au moins 40 x 8 = 320 heures payées, et une productivité au mieux de 78 %:

Productivité = heures utiles / heures payées = 250 / 320 = 78 %

En réalité, pour couvrir la charge, il faudra 41 agents (328 heures payées).

En effet, sous Excel, nous allons affiner ce raisonnement en proposant une aide à la décision avec construction manuelle d'une solution. La feuille de calcul est un peu plus complexe à réaliser que celle du problème de transport. Il faut créer une zone de définition explicite des horaires possibles, avec report des effectifs saisis en première ligne. Nous créons ainsi 17 horaires possibles ou candidats: H1 de 1 à 8 heures, H2 de 2 à 9 heures … jusqu'à H17 de 17 à 24 heures. Reportons les effectifs saisis en première ligne sur les colonnes représentatives de chaque horaire, de façon à pouvoir totaliser les effectifs présents durant chaque pas de temps (colonne prt).

Pour trouver une solution de «bon sens» utilisant le moins possible d'agents on peut penser à la règle suivante:

Commencer le matin, affecter des agents de façon à rendre les excédents positifs ou nuls. Tant que l'excédent est négatif, affecter à l'horaire correspondant un nombre d'agents de façon à annuler cet excédent. Sur cet exemple, cette règle donne 41 agents et 328 heures payées.

Le tableur est donc déjà un très bel outil d'aide à la décision. Mais est-on sûr d'avoir une solution optimale? Certainement pas, même si dans le cas présent, la solution donnée par la règle de bon sens (une méthode heuristique que l'on saurait programmer et donc automatiser) donne effectivement, comme on le

Tableau 5
Feuille Excel d'aide à la construction d'horaires†

t	c_t	e_t	pr_t	H1	H2	H3	H4	H5	H6	H7	H8	H9	H10	H11	H12	H13	H14	H15	H16	H17
				3	0	0	0	0	5	2	10	1	0	0	4	4	0	0	8	4
1	3	0	3	3																
2	1	2	3	3	0															
3	0	3	3	3	0	0														
4	2	1	3	3	0	0	0													
5	3	0	3	3	0	0	0	0												
6	8	0	8	3	0	0	0	0	5											
7	10	0	10	3	0	0	0	0	5	2										
8	20	0	20	3	0	0	0	0	5	2	10									
9	18	0	18		0	0	0	0	5	2	10	1								
10	10	8	18			0	0	0	5	2	10	1	0							
11	15	3	18				0	0	5	2	10	1	0	0						
12	22	0	22					0	5	2	10	1	0	0	4					
13	25	1	26						5	2	10	1	0	0	4	4				
14	20	1	21							2	10	1	0	0	4	4	0			
15	10	9	19								10	1	0	0	4	4	0	0		
16	4	13	17									1	0	0	4	4	0	0	8	
17	8	12	20										0	0	4	4	0	0	8	4
18	15	5	20											0	4	4	0	0	8	4
19	20	0	20												4	4	0	0	8	4
20	12	4	16													4	0	0	8	4
21	8	4	12														0	0	8	4
22	7	5	12															0	8	4
23	5	7	12																8	4
24	4	0	4																	4
Tot	250	78	328																	

†. c_t : charge à couvrir
e_t : excédents ($e_t = pr_t - c_t$)
pr_t : effectifs présents dans la solution
Charge-agents 31.3 (= 250 / 8)
Nb. agents 41
Productivité 0,76 (= 250 / 328)

verra au chapitre suivant, une solution optimale.

Dans la réalité, on voudra enrichir considérablement le nombre des horaires candidats. En effet, la réglementation sociale ainsi que les conditions de travail actuelles ou celles que l'on souhaite simuler, vont venir soit augmenter, soit limiter l'ensemble des horaires possibles à l'intérieur de la journée. La

FIGURE 3
Couverture de la charge avec 41 agents

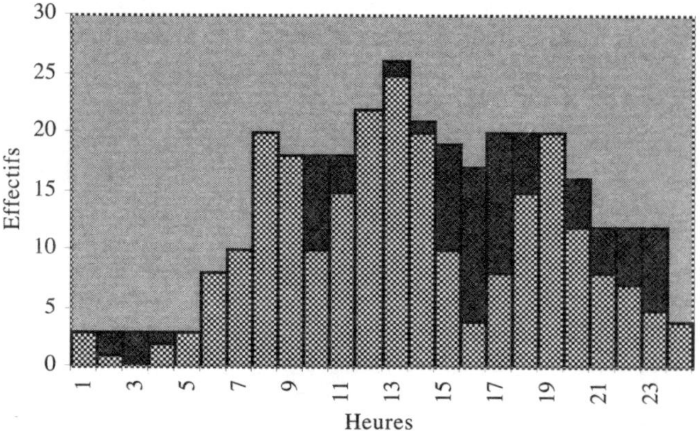

durée de travail (temps complet, mi-temps ...), mais aussi l'amplitude des vacations, les accords d'entreprise en matière de pauses repas, font naturellement partie de ces règles qui compliquent de façon significative le raisonnement simplifié que nous avons effectué jusqu'ici à l'aide du tableur.

Parmi les questions que l'on peut se poser, et auxquelles on saura répondre grâce à la programmation linéaire, citons les suivantes :

- quel est le nombre minimum d'agents nécessaires pour couvrir sans déficit la courbe de charge ?
- quelle est la meilleure répartition entre différents types de statuts (temps partiel, temps complet, mi-temps)
- avec un effectif donné, puis-je faire face à la charge ? Sinon, comment maximiser la qualité de service en minimisant le déficit de personnel ?

Nous aurons l'occasion de reprendre ces questions au cours des chapitres suivants.

3. Origines de la Programmation Linéaire

Mathématiquement, résoudre un **programme linéaire** revient, on le verra au chapitre suivant, à optimiser une fonction linéaire à plusieurs variables (la fonction de coût à minimiser) tout en respectant des contraintes linéaires (équations et inéquations du premier degré). D'où cette expression curieuse de «programmation linéaire» mêlant un domaine d'application – trouver un «programme» de fabrication – et les propriétés mathématiques du modèle correspondant: système «linéaire». Géométriquement, le domaine des solutions admissibles est un **polygone** dans un espace à 2 dimensions (cf. exercice 1, chapitre VIII, page 101), un **polyèdre** dans un espace de dimension plus élevée, c'est une sorte de montagne avec des **faces** et des **arêtes**. Les méthodes d'optimisation mettent en œuvre un algorithme, c'est-à-dire un procédé itératif, reposant sur des idées très simples telles que suivre la ligne de **plus grande pente** (méthode de gradient projeté) ou suivre des arêtes en cherchant à chaque point de bifurcation celle de plus grande pente (**méthode du simplexe**). Les propriétés de **convexité** (absence de col et de sommet secondaire) garantissent que cette démarche de myope n'utilisant que des propriétés géométriques locales conduit effectivement à un optimum global, c'est-à-dire au sommet de la montagne et non pas à un optimum local (sommet secondaire), risque que court l'alpiniste gravissant dans le brouillard un sommet inconnu.

Le problème mathématique d'optimisation d'une fonction linéaire sous contraintes linéaires a d'abord été posé pour ajuster des modèles de cinématique des étoiles et planètes à l'aide de données d'observations astronomiques. En 1820, le mathématicien français J. B. Fourier, a proposé un modèle de régression linéaire multiple minimisant la somme des valeurs absolues des erreurs; cette formulation conduit à un programme linéaire. En 1826, il décrit géométriquement un algorithme de gradient projeté avec l'image d'un objet tombant au fond d'un vase (polyédrique). C'est à partir des années 1940 que G. B. Dantzig [7] conçut la méthode du simplexe, qui eut un retentissement extraordinaire sur le plan théorique, informatique (programmation de codes de programmation linéaire de plus en plus puissants) et pratique (un nombre considérable d'applications dans des domaines très divers de l'économie, de la gestion, des sciences de l'ingénieur, etc.).

Plus récemment, la programmation linéaire a fait l'objet d'un regain d'intérêt. Alors que la méthode du simplexe se comporte généralement très bien sûr des problèmes réels, on peut construire des exemples où le nombre d'itérations – et donc a fortiori le temps d'exécution – sur ordinateur croît de façon exponentielle (double chaque fois que l'on ajoute une seule variable de décision, par exemple).

Khachiyan [17] a proposé en 1979 un algorithme polynomial dont la croissance du temps d'exécution avec le nombre de variables est théoriquement beaucoup plus lente. En pratique, cet algorithme reste peu performant. En 1984, Karmakar [16] a proposé un algorithme également polynomial dont le comportement pour des problèmes de grande taille (plusieurs milliers de variables) semble donner des temps d'exécution significativement inférieurs à ceux de la méthode du simplexe.

4. Quels outils informatiques pour mettre en œuvre les méthodes de résolution?

On a assisté ces dernières années à des progrès importants dans la performance et la fiabilité numérique des logiciels de programmation linéaire. Compte tenu des progrès considérables dans les ordinateurs, des logiciels du commerce permettent de résoudre aujourd'hui, même sur un micro-ordinateur, des problèmes de très grande taille (plusieurs dizaines de milliers de variables et de contraintes) de façon fiable et rapide.

4.1. L'optimisation dans les tableurs (Excel)

Les tableurs représentent un bel outil d'aide à la décision. Il est clair que les problèmes introductifs que nous avons évoqués peuvent être étudiés à l'aide de tableurs. Cependant si l'utilisateur souhaite trouver une solution optimale, il doit avoir recours à un algorithme d'optimisation. Lorsque les problèmes restent de taille limitée, et que les données de départ sont déjà sur tableur, il est possible aujourd'hui de faire appel à l'optimisation en utilisant la fonction solveur présente dans certains de ces tableurs. Nous utiliserons dans le cadre de ce livre Excel et son solveur qui permet de résoudre des programmes linéaires en continu et en nombres entiers, lorsque la taille des problèmes reste modeste.

La fonction solveur d'Excel sera présentée au chapitre II.

4.2. Les principaux solveurs

On appelle **solveur** un programme (ou un sous-programme) informatique permettant de résoudre un problème d'optimisation sous contraintes. Nous citerons les trois solveurs suivants:

- OSL d'IBM. Ce produit se présente comme un programme exécutable pouvant remplacer l'ancienne offre d'IBM MPSX, ou comme un ensemble de sous-programmes écrits en Fortran et pouvant être appelés depuis des modules écrits en C ou C++

. CPLEX de Cplex Inc. Ce produit est très voisin en terme de puissance à celui d'OSL. Il est écrit en C et sa version librairie est plus facile à utiliser pour des personnes développant en C ou C++
. **XPRESS-MP** de Dash Ltd, produit européen de très grande qualité. Par rapport aux autres, il inclut également un langage de modélisation (**modeleur**), que nous utiliserons dans le cadre de ce livre.

Pour mettre en œuvre ces solveurs, on peut avoir recours aux techniques suivantes:

- création d'une matrice de programme linéaire et écriture de cette matrice dans un fichier texte au format standard MPS. Cette technique ancienne est aujourd'hui dépassée. Son seul intérêt réside dans la possibilité d'échanger des problèmes d'optimisation de grande taille sans avoir à rentrer dans le modèle. C'est pourquoi tous les solveurs peuvent lire un fichier au format MPS et également en créer.
- utilisation d'un modeleur externe couplé à un solveur (§ 4.3.1)
- utilisation d'une interface comprenant des fonctions C ou des classes C++ facilitant l'écriture du modèle, l'appel d'un solveur et la récupération des résultats dans les structures de données du développeur (approche utilisée par EURO-DECISION depuis plusieurs années avec son produit **LP-TOOLKIT**, cf. § 4.3.2)

4.3. Langages de modélisation: les modeleurs

La génération de modèles de programmation linéaire est une tâche fastidieuse, source d'un grand nombre d'erreurs si on cherche à programmer directement son propre modèle sans l'aide d'outils adaptés. Il existe aujourd'hui des produits logiciels permettant de créer un modèle de programmation linéaire en restant très proche de la formulation mathématique.

4.3.1. Principe des modeleurs: exemple de XPRESS-MP

Un **modeleur** est un logiciel permettant d'écrire un modèle de programmation linéaire sous une forme très proche du langage mathématique. Le modèle est écrit sous la forme d'un fichier texte à l'aide d'un éditeur intégré au modeleur.

L'expression du modèle comprend les sections suivantes:

- une partie déclarative des données
- une partie d'accès à des données externes (fichiers textes, champs de feuilles de calculs dans des tableurs, enregistre-

ments dans des bases de données ...)
- une partie déclarative des variables du modèle
- une partie déclarative des contraintes et de la fonction à optimiser.

Le traitement du modèle par le modeleur produit soit un fichier texte au format MPS, soit un modèle directement exécutable en mémoire centrale par le solveur associé au modeleur. Lorsque le modeleur est un produit associé au solveur, il comporte généralement un générateur de rapport qui permet d'imprimer tout ou partie de la solution calculée par le solveur.

4.3.2. LP-TOOLKIT d'EURO-DECISION

L'approche des modeleurs est particulièrement adaptée à l'élaboration d'un prototype. Néanmoins, lorsque l'on souhaite réaliser des modèles plus complexes, de faire appel à des techniques de post-optimisation, de décomposition de problèmes de très grandes tailles (plusieurs centaines de milliers de variables), de mettre en œuvre des techniques de ***génération de colonnes*** (cf. chapitre VII, page 94), les modeleurs ne sont plus adaptés. Il faut pouvoir développer des applications écrites en C ou C++, permettant un accès direct aux données en mémoire centrale, les solveurs de base étant appelés un très grand nombre de fois lors de la résolution d'un problème. **LP-TOOLKIT** permet de tels développements. Nous présenterons succinctement cet environnement qui dépasse le cadre de cet ouvrage au chapitre III, page 47, bien qu'une version récente soit disponible pour des dévelopeurs travaillant en Visual Basic.

Programmation linéaire continue : modélisation et résolution

On présente dans ce chapitre les principales notions utilisées en Programmation Linéaire. Il existe de très nombreux ouvrages sur le sujet. Pour des ouvrages d'initiation, le lecteur pourra consulter en français les livres de Teghem [27], Boussard et Daudin [5]. Pour un approfondissement, nous recommandons le livre de Minoux [20] qui fait référence en la matière. Rappelons que l'objectif du présent ouvrage est avant tout une introduction à la modélisation et à la mise en œuvre de la programmation linéaire dans des applications réelles. Mais naturellement, pour mettre à profit cette technique très puissante, encore faut-il en comprendre les principes fondamentaux.

1. Modélisation : variables, contraintes, critères

1.1. Modélisation algébrique

Un modèle d'optimisation par programmation linéaire comprend cinq ensembles de base : indices, données, variables, fonction-objectif (critère) et contraintes. Il se présente sous la forme mathématique suivante :

Indices

j **indice** de la $j^{ème}$ variable ($j = 1, n$)

i **indice** de la $i^{ème}$ contrainte ($i = 1, m$)

Données

$xsup_j$ **borne supérieure** de la $j^{ème}$ variable :quantité maximale que pourra prendre l'inconnue (*upper bound*)

$xinf_j$ **borne inférieure** de la $j^{ème}$ variable : quantité minimale que devra prendre l'inconnue (*lower bound*)

c_j **coût** de la jème variable : c'est un «coût» au sens large qui traduit le critère que l'on veut optimiser (minimisation ou maximisation).

a_{ij} **coefficient** de la $j^{ème}$ variable associé à la $i^{ème}$contrainte.

bsup$_i$ **borne supérieure** de la i^{ème} contrainte: quantité maximale que pourra prendre l'**activité** associée à la i^{ème}contrainte

binf$_i$ **borne inférieure** de la i^{ème} contrainte du PL: quantité minimale que devra prendre l'**activité** associée à la i^{ème}contrainte

Comme on le verra, la plupart des coefficients a_{ij} sont nuls. C'est pourquoi les solveurs ne considèrent que les **éléments non nuls** de la matrice des coefficients (*non zero elements*).

Variables

$\mathbf{x_j}$ jème **variable** du PL: quantité inconnue, et déterminée par optimisation

Dans ce livre, on prendra la convention d'écrire en gras les variables de façon à les distinguer des données. Cette façon de faire est particulièrement utile lorsqu'on voudra donner des noms de variables et de données plus explicites compte tenu du problème à modéliser.

Fonction objectif (critère)

La **fonction objectif**. ou **critère** désigne la quantité dont on souhaite trouver une valeur optimale (minimale ou maximale).

$$\mathbf{Min} \sum_{\mathbf{j}} c_{\mathbf{j}} \mathbf{x_j}$$

Dans certains problèmes, il s'agit de maximiser la fonction-objectif. On utilise l'expression «Max» au lieu de «Min».

Contraintes

$$\mathrm{binf}_{\mathbf{i}} \leq \sum_{\mathbf{j}} a_{\mathbf{ij}} \mathbf{x_j} \leq \mathrm{bsup}_{\mathbf{i}}$$

L'expression comprise entre les deux signes ≤ s'appelle **activité**.

Lorsque l'une des valeurs est +infini ou -infini, on n'écrit pas l'inégalité qui est trivialement satisfaite. On écrira par exemple:

$$\sum_{\mathbf{j}} a_{ij} \mathbf{x_j} \leq \mathrm{bsup}_i$$

Les contraintes d'égalité sont des cas particuliers pour lesquels on a:

$$\mathrm{binf}_i = b_i = \mathrm{bsup}_i$$

et on écrira la contrainte d'égalité sous la forme:

$$\sum_j a_{ij} \mathbf{x}_j = b_i$$

De même, lorsque l'on ne précise pas les valeurs attribuées aux bornes des variables de décision, on suppose les valeurs suivantes par défaut:

$$xsup_j = \text{infini}$$
$$xinf_j = 0$$

Modélisation: remarque importante

Nous possédons trois moyens distincts pour modéliser des contraintes:

- *Contraintes prises en compte lors de la définition* même de certaines variables: des variables pourront ne pas être définies, car ne remplissant pas certaines conditions. Dans l'exemple du problème de transport, on pourra par exemple s'interdire toute livraison depuis un dépôt situé à plus de 500 km. Dans ce cas la variable ne sera pas créée.
- *Contraintes de bornes sur les variables.*
- *Contraintes de bornes sur les activités.*

1.2. Différentes formes d'un programme linéaire

La propriété de linéarité de la fonction-objectif et des contraintes, permet de représenter un programme linéaire sous forme matricielle. Cette représentation est utile car elle permet d'une part, de mieux comprendre les problèmes rencontrés lors de l'informatisation d'un algorithme du simplexe, d'autre part, d'expliquer de façon plus synthétique certains développements plus théoriques liés à la méthode du simplexe (cf. page 29) et aux propriétés de la dualité (cf. chapitre III, page 37).

Si l'on reprend un problème de minimisation avec des contraintes de type supérieur ou égal, on a trois écritures identiques du même programme, une **forme algébrique**, une forme matricielle et une forme tableau.

1.2.1. Forme algébrique d'un programme linéaire

$$\mathbf{Min} \sum_j c_j \mathbf{x}_j$$

$$\sum_j a_{ij} \mathbf{x}_j \geq b_i \quad \text{pour toute contrainte } i = 1,m$$

$$\mathbf{x}_j \geq 0 \quad \text{pour toute variable } j = 1,n$$

La présente forme fait référence à la **forme canonique** d'un programme linéaire (minimisation). Une forme plus générale s'écrit en introduisant comme ci-dessus la possibilité de minimiser ou de maximiser la fonction objectif, et en précisant les bornes inférieures et supérieures des variables et des contraintes.

1.2.2. Forme matricielle

Soient n le nombre de variables et m le nombre de contraintes. Posons :

- $c = (c_1, c_2, \ldots, c_j, \ldots, c_n)$, le vecteur des coefficients de la fonction économique
- $b^T = (b_1, b_2, \ldots, b_i, \ldots, b_m)$, le vecteur transposé du second membre, c.a.d. des bornes inférieures des activités,

$$A = \begin{bmatrix} a_{11} & a_{12} \ldots & a_{1j} \ldots & a_{1n} \\ \ldots & \ldots \ldots & \ldots \ldots & \ldots \\ a_{i1} & a_{i2} \ldots & a_{ij} \ldots & a_{in} \\ \ldots & \ldots \ldots & \ldots \ldots & \ldots \\ a_{m1} & a_{m2} \ldots & a_{mj} \ldots & a_{mn} \end{bmatrix}$$

- $\mathbf{x}^T = (\mathbf{x_1}, \mathbf{x_2}, \ldots, \mathbf{x_j}, \ldots, \mathbf{x_n})$, le vecteur transposé des variables de décision.

La **forme matricielle** d'un programme linéaire s'écrit alors en trois lignes (en réservant toujours un caractère gras pour représenter les variables) :

$$\begin{aligned} &\text{Min } c\mathbf{x} \\ &A\mathbf{x} \geq b \\ &\mathbf{x} \geq 0 \end{aligned}$$

1.2.3. Représentation sous forme de tableau

Le même programme peut être représenté sous la **forme tableau**. Cette représentation (cf. tableau 6) est parfois utilisée à des fins pédagogiques pour résoudre à la main des programmes linéaires de petite taille. En effet l'opération de base utilisée dans la méthode du simplexe (opération appelée pivotage) peut facilement s'exécuter à l'aide de cette représentation.

La forme tableau est également utilisée pour mettre en évidence la structure d'un programme linéaire, faire apparaître des sous-blocs homogènes. Lorsqu'on ne disposait pas de langages de modélisation, ou d'outils de génération de matrices performants tels que **LP-TOOLKIT**, cette représentation fut longtemps utilisée avant la phase de programmation informatique d'un module de génération d'un programme linéaire.

TABLEAU 6
Programme linéaire sous forme de tableau

Coût	c_1	c_j	c_n		
xsup	$xsup_1$	$xsup_j$	$xsup_n$		
x	x_1	x_j	x_n		
xinf	$xinf_1$	$xinf_j$	$xinf_n$		
Cont.1	a_{11}	a_{1j}	a_{1n}	$\leq$	b_1
Cont. i	a_{i1}	a_{ij}	a_{in}	$\leq$	b_i
Cont m	a_{m1}	a_{mj}	a_{mn}	$\leq$	b_m

Un exemple de représentation sous forme de tableau est donné ci-après (tableau 7 de la page 25) pour le problème de transport.

2. Modélisation des trois problèmes exemples

2.1. La formulation d'aliments pour animaux

Nous commencerons par cet exemple, en raison de la très grande simplicité de sa modélisation. Le modèle est une transcription directe de l'écriture d'un Programme Linéaire sous forme standard.

Indices

j **indice** de la $j^{ème}$ matière première

Données

$xsup_j$ **borne supérieure** de la $j^{ème}$ matière première (%)

$xinf_j$ **borne inférieure** de la $j^{ème}$ matière première (%)

c_j **coût** de la jème matière première

a_{ij} **coefficient** exprimant la contribution de la $j^{ème}$ matière première en unité de la $i^{ème}$ caractéristique

$bsup_i$ **borne supérieure** de la $i^{ème}$ caractéristique nutritionnelle

$binf_i$ **borne inférieure** de la $i^{ème}$ caractéristique nutritionnelle

Variables

$\mathbf{x_j}$ quantité de la jème **matière première** (en %)

Fonction objectif

On minimise le coût total de fabrication d'une formule d'aliments :

$$\mathbf{Min}\sum_{j} c_j \mathbf{x_j}$$

Contraintes nutritionnelles

$$\text{binf}_i \leq \sum_{j} a_{ij}\mathbf{x_j} \leq \text{bsup}_i$$

Contrainte de définition des pourcentages

$$\sum_{j} \mathbf{x_j} = 100$$

2.2. Le problème de transport

2.2.1. Modélisation mathématique

Indices

j	indice du $j^{ème}$ client
i	indice du $i^{ème}$ dépôt

Données

cap_i	capacité du $i^{ème}$ dépôt
d_j	demande du $j^{ème}$ client
c_{ij}	coût de transport d'une unité de marchandise du dépôt i vers le client j

Variables

$\mathbf{x_{ij}}$	quantité transportée du dépôt i vers le client j.

Remarque : Dans ce problème, on peut aisément interdire de livrer des clients depuis certains dépôts en attribuant un coût c_{ij} très élevé à la relation (i, j) correspondante. On peut également interdire des relations lors de la définition des variables de décision $\mathbf{x_{ij}}$, comme cela a été expliqué au paragraphe précédent.

Fonction objectif

On veut minimiser le coût total de transport :

$$\text{Min}\sum_{\mathbf{i,j}} c_{ij}\mathbf{x_{ij}}$$

Contraintes

a) Contraintes de satisfaction de la demande :

$$\sum_i x_{ij} = d_j \quad \text{pour tout client j}$$

b) Contraintes de capacités des dépôts (stocks suffisants)

$$\sum_j x_{ij} \le cap_i \quad \text{pour tout dépôt i}$$

2.2.2. Illustration de la forme tableau sur l'exemple numérique

En reprenant l'exemple numérique du chapitre I, nous pouvons facilement associer les structures de données (c_{ij}, d_j, cap_i) au tableau 7. A ce stade on verra avec le modeleur XPRESS-MP que nous avons tous les éléments pour résoudre notre problème de transport à coût minimum.

TABLEAU 7

Forme tableau d'un modèle de transport

Variables	X_{11}	X_{12}	X_{13}	X_{14}	X_{21}	X_{22}	X_{23}	X_{24}	X_{31}	X_{32}	X_{33}	X_{34}		b_i
Coûts	10	8	5	9	7	5	5	3	11	10	8	7		
C1	1				1				1				=	200
C2		1				1				1			=	400
C3			1				1				1		=	300
C4				1				1				1	=	100
D1	1	1	1	1									≤	500
D2					1	1	1	1					≤	300
D3									1	1	1	1	≤	400

On constate sur ce tableau la structure très caractéristique d'une matrice de programme linéaire correspondant à un problème de transport. Sa **densité** (proportion d'éléments non nuls dans la matrice) est très faible car chaque colonne ne possède que deux éléments non nuls (trois si on compte le coefficient de la fonction objectif). La taille de la matrice du programme linéaire se calcule aisément à partir de : n le nombre de clients et m le nombre de dépôts :

- nxm variables (ici 3 x 4 = 12)
- n+m contraintes (ici 3 + 4 = 7)
- 2x(nxm) éléments non nul (ici 2x3x4 = 28)
- La densité de la matrice est donc égale à 2nm /(nm(n+m)) = 2 /(n+m)
- On constate que la densité de la matrice est de 2/7 sur cet exemple et qu'elle tend vers 0 lorsque la taille du problème croît.

2.3. Le problème de la construction d'horaires

Une modélisation très classique de ce problème (cf. Dantzig [7], Jacquet-Lagrèze et Mezziani [13]), consiste à construire un ensemble d'horaires candidats, et à sélectionner les meilleurs d'entre eux de façon à couvrir la charge.

Indices

j	indice du $j^{ème}$ horaire candidat
t	indice du $t^{ème}$ pas de temps

Données

b_t	charge au $t^{ème}$ pas de temps
c_j	coût du $j^{ème}$ horaire candidat (exemple sa durée)

Variables

$\mathbf{x_j}$	nombre d'agents affectés à l'horaire j Si $\mathbf{x_j} = 0$, cela signifie que l'horaire n'est pas sélectionné.

Remarque : Dans ce problème, les variables doivent théoriquement être **entières**, puisqu'elles représentent un nombre d'agents. Nous négligerons dans ce chapitre cette caractéristique très importante dont nous reprendrons l'étude aux chapitres VI et VII. Cette hypothèse simplificatrice est ici acceptable, car comme on pourra le constater empiriquement, la solution est très souvent entière sur des problèmes de petite taille.

Fonction objectif

On veut minimiser le coût total du personnel sur une journée

$$Min \sum_j \mathbf{c_j x_j}$$

Si c_j représente la durée de l'heure de la vacation j, le critère représente le nombre total d'heures payées.
Si $c_j = 1$, pour tout j, le critère mesure le nombre total d'agents nécessaires.

Contraintes

Couverture de la charge

Soit $a_{jt} = 1$ si l'horaire j couvre la période t, $a_{jt} = 0$ sinon :

$$\sum_j \mathbf{a_{jt} x_j} \geq \mathbf{b_t} \qquad \text{pour tout pas de temps t}$$

On peut également modéliser cette contrainte, en exprimant une condition logique d'existence de l'élément $a_{jt} = 1$ dans la matrice. Soient d_j et f_j les heures de début et de fin de l'horaire j, cette contrainte s'écrit alors sous la forme équivalente :

$$\sum_{j \mid d_j \leq t \leq f_j} \mathbf{x}_j \geq b_t \qquad \text{pour tout pas de temps } t$$

On verra comment utiliser cette méthode pour créer les éléments non nuls de matrice du programme linéaire, en utilisant un modeleur tel que XPRESS-MP.

3. Programmation mathématique : un peu de théorie

L'objectif de ce livre n'est pas de présenter en détail la théorie de la méthode du simplexe ou de telle méthode de point intérieur, telles qu'elles sont mises en œuvre dans les solveurs du marché. Le lecteur intéressé pourra se reporter à des ouvrages d'initiation Teghem [27], Boussard et Daudin [5], ou à des ouvrages d'approfondissement tels que l'excellent livre en deux tomes de Minoux [20] sur la Programmation Mathématique.

Le lecteur n'ayant que des connaissances limitées en mathématiques peut dans un premier temps passer au chapitre suivant. Néanmoins, pour comprendre le comportement d'un programme linéaire, il est important de connaître un certain nombre de concepts dans ce domaine. D'un point de vue pratique, la programmation linéaire présente deux avantages extrêmement importants :

- On sait résoudre en programmation linéaire *des problèmes de très grande taille*, dans des temps de calcul très rapides. Le nombre de contraintes peut être de plusieurs milliers, le nombre de variables de plusieurs dizaines de milliers et même beaucoup plus en ayant recours à des méthodes de décomposition ou de programmation linéaire généralisée (générations de colonnes, cf. page 94). Or il faut savoir que de nombreux problèmes concrets résolus en entreprise sont effectivement de grande taille.
- Lorsqu'il existe des solutions réalisables, c.a.d respectant les contraintes, la programmation linéaire *donne une solution optimale,* c.a.d. donnant la meilleure solution au critère.

Pourquoi cette performance, et comment garantir l'optimalité ? Un peu de théorie est nécessaire.

3.1. Convexité et optimalité

Les propriétés de linéarité des contraintes impliquent que le domaine des solutions ou **programmes réalisables** est un **polyèdre** (un polygone dans un espace à 2 dimensions, lorsqu'on a 2 variables de décision cf. exercice 1, page 101). Une des propriétés fondamentales de ces domaines est la convexité.

Un domaine est dit **convexe**, si pour 2 points A et B appartenant au domaine, tout point M du segment A-B appartient également au domaine. Ou encore, si A et B sont des programmes réalisables, tout programme M barycentre de A et B est réalisable (combinaison linéaire des deux solutions avec jeux de poids positifs):

$$M = \lambda A + (1-\lambda) B, \text{ avec } 0 \leq \lambda \leq 1$$

FIGURE 4
Convexité

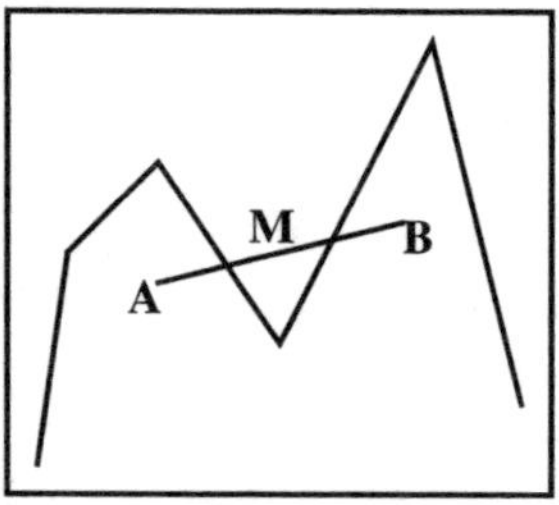

Ensemble non convexe

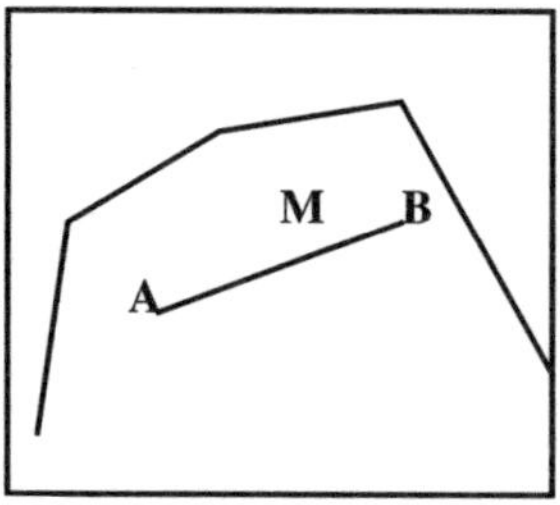

Ensemble convexe

Or une classe importante des algorithmes d'optimisations imaginés et développés est celle des algorithmes itératifs et locaux, et le simplexe en fait partie. On part d'une solution initiale et on se déplace dans une nouvelle direction en cherchant à respecter une double condition:
- a) rester dans le domaine réalisable
- b) chercher à améliorer le critère à optimiser.

L'algorithme étant local, son test d'arrêt est local. On s'arrête lorsqu'on ne trouve aucune direction d'amélioration. En s'appuyant sur l'exemple de la figure 4, et en supposant que la direction d'optimisation soit donnée par l'axe des ordonnées, on constate qu'un cheminement le long de la frontière du domaine en partant de la gauche, conduit à un sommet secondaire dans la figure de gauche (solution sous-optimale) et au sommet principal (et unique ici) dans le cas de la figure de droite.

3.2. La méthode du simplexe

La **méthode du simplexe** consiste à partir d'une solution qui correspond à un sommet du polyèdre, et à cheminer le long des arêtes en se déplaçant d'un sommet à un sommet adjacent, jusqu'à ce qu'il ne soit plus possible d'améliorer la valeur de la fonction objectif. Mais avant de présenter la méthode du simplexe, introduisons quelques définitions.

3.2.1. Programme linéaire sous forme standard

Un programme linéaire est sous sa **forme standard**, s'il ne comprend que des égalités. On obtient facilement un programme linéaire sous forme standard en ajoutant des variables d'écart aux contraintes d'inégalité :

Soit une contrainte (i) supérieure ou égale :

$$\sum_j a_{ij} \mathbf{x}_j \geq b_i$$

En introduisant une **variable d'écart $\mathbf{e_i}$** positive ou nulle au premier membre, on obtient une condition équivalente s'écrivant sous la forme d'une égalité :

$$\sum_j a_{ij} \mathbf{x}_j - \mathbf{e}_i = b_i$$

De même une contrainte inférieure ou égale :

$$\sum_j a_{ij} \mathbf{x}_j \leq b_i$$

sera transformée en la contrainte d'égalité suivante :

$$\sum_j a_{ij} \mathbf{x}_j + \mathbf{e}_i = b_i$$

Dans la suite de cette section, nous considérons uniquement des programmes linéaires sous forme standard, sans distinction entre les variables de décision d'origine et les variables d'écart ainsi introduites.

$$\begin{array}{l} \text{Min } c\mathrm{x} \\ A\mathbf{x} = b \\ \mathbf{x} \geq 0 \end{array}$$

Ce programme linéaire comprend par conséquent m contraintes et n+m variables (n variables **x** d'origine et m variables d'écart **e**).

3.2.2. Correspondance base – sommet

L'algorithme du simplexe et les solveurs (programmes informatiques le mettant en œuvre) ne travaillent que sur des contraintes à l'égalité, donc sur la forme standard. Les transformations que l'on vient d'évoquer sont faites automatiquement par le solveur qui ajoute les variables d'écart nécessaires.

Dans la méthode du simplexe, le cheminement se fait en se déplaçant d'un sommet du polyèdre au sommet suivant. Ce cheminement est possible sur les plans algrithmique et informatique car l'on sait faire correspondre à tout **sommet** une base.

Qu'est-ce qu'une **base**? C'est un ensemble B de m variables. On notera par N l'ensemble complémentaire (variables hors base):

TABLEAU 8

B	Variables de base
N	Variables hors base

Si on isole ces m variables et si on retient les m égalités correspondant au m contraintes, on a un système comprenant m inconnues et m équations. Si le système n'est pas dégénéré, il admet une solution unique. Souvenez-vous, vous avez certainement résolu au lycée des systèmes de 2 équations à 2 inconnues et sans doute de 3 équations à 3 inconnues, en utilisant une méthode d'élimination progressive des variables (méthode de Gauss). Peut-être avez vous appris à cette époque la notion de pivot, dans ce processus d'élimination.

Lorsqu'on choisit m variables (au hasard, pourquoi pas), on définit donc implicitement un système de m équations à m inconnues. On peut résoudre ce système à condition de choisir arbitrairement la valeur de $(n+m)-m = n$ variables. Si on *fixe à 0 les n variables hors base*, on obtient une solution qui correspond à un sommet (une intersection de m hyperplans).

Supposons réordonnée la matrice A du programme linéaire de façon à ce que les m variables de base soient au début (idem pour **x**), et introduisons les notations suivantes: $A = [B, N]$ et $\mathbf{x} = [\mathbf{x_B}, \mathbf{x_N}]$.

L'équation matricielle $A\mathbf{x} = b$ devient $B\mathbf{x_B} + N\mathbf{x_N} = b$.

Comme une solution de base est obtenue en mettant à 0 les variables hors base, avec ces notations, elle est donc caractérisée par les équations suivantes:

3.2.3. Changement de base, itération et arête

Supposons que l'on parte d'une base réalisable. Pour les

TABLEAU 9

$Bx_B + Nx_N = b$
$x_N = 0$
$x_B = B^{-1}b$

problèmes pour lesquels l'origine **x** = 0 est réalisable, la base correspondante sera constituée par les m variables d'écart **e**.

Pour changer de base, on se contentera d'un déplacement local défini de la façon suivante. On change de base en faisant *entrer une variable dans la base* et en *faisant sortir de la base une autre variable* initialement dans la base. Ce processus d'échange entre deux variables revient à se déplacer le long d'une arête du polyèdre. Chaque changement de base correspond à une **itération** de l'algorithme du simplexe et met en œuvre une opération de **pivotage**.

3.2.4. Tests d'optimalité, critères de Dantzig

Pour passer d'un sommet à un sommet adjacent, Dantzig a introduit deux critères (**critères de Dantzig**) qui sont au cœur de la méthode du simplexe : un critère de la nouvelle variable précédemment hors base à faire entrer dans la base et un critère du choix d'une variable de la base à faire sortir.

- ***Critère de la variable entrante :***

Pour une base (B, N) donnée, écrivons le vecteur des coûts sous la forme :

$$c = [c_B, c_N]$$

Introduisons le vecteur $\pi = (\pi_1, \pi_2 \dots \pi_j \dots \pi_m)$, calculé de la façon suivante :

$$\pi = c_B B^{-1}$$

et le vecteur

$$\Delta = c_N - \pi N$$

Les composantes Δ_j du vecteur Δ s'appellent les **coûts réduits**.

On montre que si tous les coûts réduits sont positifs ou nuls, alors la base (donc la solution) correspondante est optimale. Il s'agit d'un test d'optimalité locale, mais les propriétés de convexité du domaine représentant les solutions réalisables (le polyèdre) garantissent, on l'a vu, le caractère global de l'optimum.

Lorsqu'il existe au moins une variable hors base (appartenant à N) ayant un coût réduit $\Delta_j < 0$, alors il est possible de faire entrer cette variable dans la base et de diminuer ainsi la valeur du critère à optimiser. C'est le critère de Dantzig de la variable entrante. Notez qu'il existe d'autres critères de choix d'une variable entrante, tel que celui du plus grand gain possible.

- ***Critère de la variable sortante***

La variable sortante est la première variable de la base dont la valeur positive va décroître et qui va s'annuler lorsque l'on fait croître à l'inverse depuis 0 la valeur de la variable entrante. Dépasser la valeur limite 0 conduirait à une variable de valeur négative et l'on quitterait le domaine réalisable.

3.2.5. Base de départ et variables artificielles

Lorsque l'origine ($\mathbf{x} = 0$) ne correspond pas un programme réalisable, les solveurs ajoutent automatiquement des **variables artificielles** de façon à ce que l'on puisse toujours constituer aisément une base initiale réalisable à partir de l'origine.

Supposons une contrainte initiale de type inférieure et telle que $b_i > 0$. Après introduction de la variable d'écart, cette contrainte s'écrit, on l'a vu, sous la forme suivante (PL sous forme standard):

$$\sum_j a_{ij}\mathbf{x}_j + \mathbf{e}_i = b_i$$

Pour construire une base initiale, on peut dans ce cas choisir la variable $\mathbf{e_i}$ dans la base. En effet, en posant $\mathbf{x_j} = 0$ pour tout j (variables hors base) on obtient $\mathbf{e_i} = b_i$ avec $\mathbf{e_i} > 0$.

En revanche, adopter le même procédé pour une contrainte supérieure conduirait à une base non réalisable: ($\mathbf{e_i} = - b_i$)

$$\sum_j a_{ij}\mathbf{x}_j - \mathbf{e}_i = b_i \qquad \text{et } \mathbf{e}_i \geq 0$$

On introduit dans ce cas la variable artificielle $\mathbf{z_i} > 0$, de façon à pouvoir l'inclure dans la base initiale.

$$\sum_j a_{ij}\mathbf{x}_j - \mathbf{e}_i + \mathbf{z}_i = b_i \qquad \text{et } \mathbf{e}_i \geq 0 \text{ et } \mathbf{z}_i \geq 0$$

La base initiale est construite en posant $\mathbf{x_j} = 0$, $\mathbf{e_i} = 0$ (variables hors base) et $\mathbf{z_i} = b_i$ ($\mathbf{z_i}$ dans la base)

Dans une première variante de la méthode du simplexe, on fixe des pénalités (coûts) très élevés aux variables artificielles (cas du solveur OSL). Au cours des itérations, l'algorithme va progressivement annuler les variables artificielles. Si toutes les variables artificielles s'annulent au cours du déroulement de l'algorithme, le programme devient réalisable au regard des contraintes initiales. Si à l'optimum, au moins une variable artificielle reste strictement positive, le problème initial n'a pas de solution réalisable.

Dans une autre implémentation plus classique de la méthode du simplexe, on met en œuvre la **méthode des deux phases** (cas des solveurs CPLEX et XPRESS-MP). Dans une première phase, on prend comme fonction économique la somme des variables artificielles que l'on minimise cherchant ainsi à les annuler. Si la somme est nulle, le solveur aborde la seconde phase en supprimant les variables artificielles devenues inutiles et change de critère en reprenant la fonction économique du problème initial.

Pour diminuer le nombre d'itérations et gagner ainsi du temps de résolution de l'algorithme, on a intérêt à construire une base de départ la plus intéressante possible. Cette phase technique s'appelle recherche d'une **base avancée** ou **crashing**.

3.3. Aperçu sur la programmation mathématique non linéaire

De nombreuses méthodes de **programmation mathématique non linéaire** ont été proposées suivant que la fonction objectif, les contraintes ou les deux, ne sont plus linéaires.

3.3.1. Programmation quadratique

Un cas intéressant est celui de la **programmation quadratique**. La fonction à optimiser est une forme quadratique, c.a.d. que les variables interviennent également sous la forme des carrés des variables et des produits de 2 variables (matrice de coefficients d_{jk}).

$$Min \sum_{j} c_j x_j + \sum_{j,k} d_{jk} x_j x_k$$

Ce cas est intéressant pour deux raisons. D'un point de vue pratique, de nombreux problèmes peuvent se modéliser naturellement sous la forme d'une distance à minimiser (problèmes d'ajustement de modèles statistiques tel que la régression linéaire multiple, problèmes de lissage …). D'un point de vue algorithmique, l'application des conditions générales d'optimalité de Kuhn et Tucker (cf. Minoux, [20]) conduit dans ce cas particulier à rechercher une solution à un système d'inéquations linéaires avec des conditions interdisant à des couples de variables d'être simultanément strictement positives. Cette condition peut être intégrée à l'algorithme du simplexe, en interdisant à deux variables d'un même couple d'être simultanément dans la base (souvenons nous, les variables hors base sont à 0). Cette particularité explique que des algorithmes performants peuvent être proposés pour résoudre ce problème. En pratique, certains solveurs du commerce proposent de ce fait la programmation quadratique dans leurs options (OSL utilise cette technique).

3.3.2. Méthodes intérieures en programmation mathématique

Toutes les méthodes de programmation mathématique reposent sur des principes de base que l'on a évoqués au § 3.1. En particulier, lorsque les propriétés de convexité ne sont pas satisfaites, des méthodes de programmation non linéaire ne permettent pas de garantir l'optimalité de la solution. En pratique, il faudra lancer plusieurs optimisations en partant de solutions initiales différentes de façon à retenir la meilleure solution.

La méthode du **gradient projeté** de Rosen, [24], exploite la notion locale de gradient (vecteur des dérivées partielles de la fonction objectif), comme direction de déplacement la plus intéressante. Pour rester dans le domaine réalisable, il faut projeter ce vecteur gradient sur la surface du domaine. Si le vecteur projeté est toujours une direction d'amélioration de la fonction, on continue, en se déplaçant le plus loin possible dans cette direction, sinon, on se trouve à un optimum local, et on s'arrête.

La méthode du **gradient réduit généralisé (GRG)** d'Abadie [1]. est une méthode plus récente et plus performante pour résoudre des programmes non linéaires.

3.3.3. Méthodes intérieures en programmation linéaire

Depuis la publication des travaux de Khachiyan [17] sur sa méthode des ellipsoïdes, de nombreux chercheurs se sont intéressés à utiliser les concepts de la programmation non linéaire au cas de la PL. Ces travaux ont été en partie motivés par des aspects théoriques de propriétés de convergence des algorithmes (théorie de la complexité des algorithmes). L'algorithme du simplexe, bien que très performant en pratique, n'est pas un algorithme dit polynomial. Le nombre d'itérations, et par conséquent le temps d'exécution, peut croître de façon exponentielle. Klee et Minty [18] ont proposé un exemple célèbre à n variables et n contraintes. Dans cet exemple, le domaine a la forme d'un hypercube déformé, et l'algorithme du simplexe emprunte les 2^n sommets du cube. Ajoutez une seule variable de décision, et vous doublez le temps de calcul. La convergence est exponentielle. La complexité de l'algorithme du simplexe est donc **NP complet** [1]. Khachiyan [17] a été le premier à proposer un algorithme polynomial, mais sans intérêt en pratique car beaucoup trop lent. Notons que les préoccupations de convergence ne sont pas tout à fait les mêmes chez les théoriciens et les praticiens, car le *théoricien raisonne dans le pire des cas* alors que le praticien aura une vue plus expérimentale et probabiliste du problème. On sait que la méthode du simplexe converge en moyenne (statistiquement) en 1,5 x m itérations, ce qui rend cette méthode extrêmement performante puisque son temps de résolution est en pratique proportionnel au nombre de contraintes.

L'idée de base d'une **méthode intérieure** est de cheminer à l'intérieur du domaine, en espérant atteindre beaucoup plus rapidement une zone proche de l'optimum, quitte d'ailleurs à récupérer à la fin une solution de base et pouvoir tirer parti de l'avantage des méthodes simpliciales (méthodes du type méthode du simplexe) pour exploiter la dualité et les possibilités d'analyse post-optimale.

Karmakar [16] a proposé une méthode polynomiale plus performante que celle de Khachiyan. Suite à ses travaux, on a assisté à un regain d'intérêt pour des méthodes classiques en programmation mathématique non linéaire telles que la **méthode des barrières** (cf. Minoux [20]). La méthode des barrières implémentée dans les solveurs OSL, CPLEX, XPRESS-MP, repose sur un principe de cheminement à l'intérieur du domaine. Pour éviter d'aller trop rapidement vers la frontière et d'accroître ainsi le nombre d'itérations telles qu'on les connaît dans une méthode simpliciale, on introduit une fonction logarithmique de l'écart entre une variable et ses bornes inférieures ou supérieures. (Le logarithme tend vers moins l'infini lorsque la valeur de l'écart tend vers 0).

Expérimenter ces méthodes dans le cadre des solveurs du marché est facile, car il n'y a que la valeur d'un seul paramètre à changer. Avec le solveur OSL nous avons constaté des gains de temps d'exécution pour certains problèmes de 20 % à 50 %

1. N. P: signifie Non Polynomial. La convergence de l'algorithme nécessite un nombre d'opérations (itérations) qui croit de façon non polynomiale avec la taille du problème à résoudre.

(dans les meilleurs des cas). Ces méthodes sont donc parfois intéressantes à mettre en œuvre dans la résolution de problèmes concrets.

Nous avons nous-même adapté la méthode de Rosen au cas de la programmation linéaire (cf. Jacquet-Lagrèze [11]). L'intérêt de l'adaptation dans le cas linéaire de la méthode de Rosen, réside dans le fait que la mise à jour du vecteur gradient se fait par une simple opération de pivotage comme dans le cas de la méthode du simplexe. On peut dire que cette méthode est une méthode semi-intérieure, car son degré d'externalité croît avec le nombre des itérations. En général, les n premières itérations sont utilisées à activer n contraintes. À partir de ce stade, la méthode devient simpliciale. Le solveur correspondant Gradient-LP a été utilisé entre 1987 et 1994 par EURO-DECISION dans de nombreuses applications industrielles. Entre 1987 et 1994, les plans de montage long terme de Renault étaient optimisés avec cette méthode. Air-France l'a utilisé pendant de nombreuses années dans son logiciel de construction d'horaires du personnel au sol CHEOPS. Gradient-LP était également le solveur du logiciel d'otimisation d'aliments pour animaux de la SCIA. Cependant EURO-DECISION n'a plus utilisé Gradient-LP sur un plan industriel à partir de l'année 1994, car il aurait fallu développer des efforts de R & D trop importants pour pouvoir incorporer des méthodes de programmation linéaire en nombres entiers d'une part, et pour mieux contrôler les problèmes de précision numérique rencontrés sur certains programmes linéaires d'autre part.

CHAPITRE III

Résolution informatique de programmes linéaires

Nous montrons dans ce chapitre comment résoudre des programmes linéaires avec des outils logiciels actuels. Nous sommes persuadés, que si vous lisez ce livre, vous avez déjà utilisé un tableur tel qu'Excel qui incorpore comme d'autres des techniques d'optimisation sous contraintes (la fonction solveur des tableurs). Compte tenu de la diffusion très importante d'Excel, nous montrons dans la première section de ce chapitre comment résoudre des programmes linéaires avec ce logiciel.

On présente ensuite comment modéliser et résoudre des Programmes Linéaires avec un outil associant modeleur et solveur. L'intérêt de cette approche est de permettre un prototypage rapide, sans programmation. Nous avons choisi XPRESS-MP de Dash, excellent produit européen. D'autres produits tels que GAMS sont largement utilisés. Le lecteur pourra consulter avec intérêt un numéro de OR / MS Today [22] consacré à ce sujet.

Enfin on présente succinctement l'outil **LP-TOOLKIT** d'EURO-DECISION. Il s'agit là d'une approche réservée à des informaticiens intéressés par le développement de composants logiciels écrits en C++, composants très fiables et facilement intégrables dans des applications industrielles et permettant entre autres de tirer parti de toute la puissance des solveurs modernes tels que CPLEX, OSL, XPRESS.

1. Résolution avec Excel

On a utilisé dans ce livre la version 7.0 d'Excel fonctionnant sous Windows 95[1].

1.1. Le problème de transport

Pour pouvoir utiliser le solveur d'Excel, nous allons reprendre notre feuille de calcul construite au chapitre I. Ajoutons une colonne « TotDépart » totalisant les départs et une ligne « Total Livré ». Les lignes correspondantes vont représenter les activités

1. La syntaxe d'utilisation est cependant la même que dans sa version précédente ou suivante. Notez que si vous souhaitez utiliser le solveur d'Excel, vous devez auparavant installer cette option sur votre machine, car elle n'est pas installée par défaut.

des contraintes associées. Après ce travail préparatoire, l'utilisation du solveur va être très facile.

Sélectionnons «Solveur» dans le menu «Outils». La fenêtre «Paramètres du Solveur» va nous permettre de préciser le critère et les contraintes. La cellule cible est celle qui correspond au critère que l'on veut minimiser, c'est donc la cellule \$G\$14: coût total de la distribution. Après avoir sélectionné l'option «Min», définissons les 12 variables de décision par la zone \$B\$10:\$E\$12.

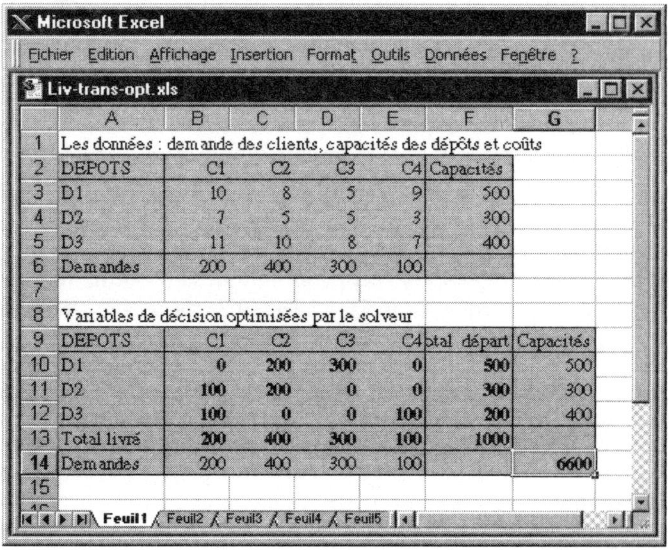

	A	B	C	D	E	F	G
1	Les données : demande des clients, capacités des dépôts et coûts						
2	DEPOTS	C1	C2	C3	C4	Capacités	
3	D1	10	8	5	9	500	
4	D2	7	5	5	3	300	
5	D3	11	10	8	7	400	
6	Demandes	200	400	300	100		
7							
8	Variables de décision optimisées par le solveur						
9	DEPOTS	C1	C2	C3	C4	otal départ	Capacités
10	D1	**0**	**200**	**300**	**0**	**500**	500
11	D2	**100**	**200**	**0**	**0**	**300**	300
12	D3	**100**	**0**	**0**	**100**	**200**	400
13	Total livré	**200**	**400**	**300**	**100**	**1000**	
14	Demandes	200	400	300	100		**6600**
15							

Les contraintes peuvent se définir globalement par champs entiers.

- La première série de contraintes exprime que les variables de décision sont positives ou nulles (condition non remplie par défaut dans le solveur d'Excel).
- La seconde série de contraintes est relative à la satisfaction de la demande: Total livré = Demande
- La troisième série de contraintes porte sur la capacité des dépôts:
- Total Départ ≤ Capacité

En cliquant sur «Résoudre» on obtient en 1 à 2 secondes la solution optimale.

Comme notre problème d'optimisation est un programme linéaire, on aura intérêt à choisir l'option «Modèle supposé linéaire» pour des raisons de performance (Sélection de Options dans la fenêtre «Paramètres du Solveur»).

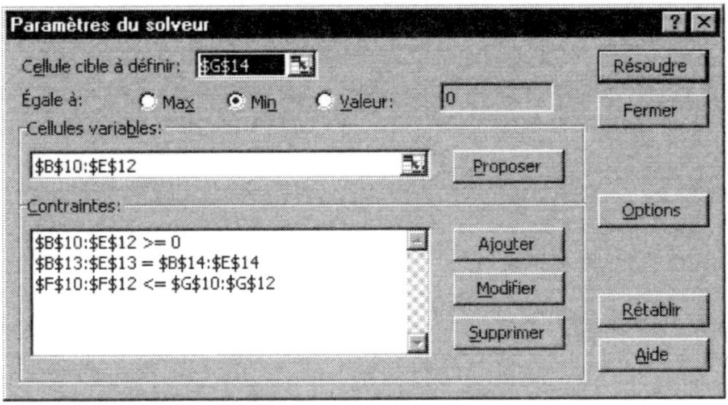

1.2. Le problème de formulation d'aliments

Pour résoudre le problème de formulation, construisons en premier lieu une feuille de calcul permettant de saisir les données de ce problème. En colonne E, on prévoit la place du vecteur solution recherché (c.a.d les compositions exprimées en pourcentage). Ce vecteur est encadré par les deux colonnes D et I représentant respectivement les bornes inférieures et supérieures des variables.

La seconde partie de la feuille représente les contraintes nutritionnelles (lignes 31 à 38). La ligne 39 exprime que la somme des compositions (pourcentage) est égale à 100 (valeur 100 %).

La construction de la feuille de calcul est facilitée en utilisant des fonctions de multiplication de matrices disponibles sous Excel. La valeur correspondant à la première contrainte nutritionnelle se calcule aisément par la formule suivante qui effectue un produit de matrices :

D31 = PRODUITMAT(F31: AB31;$E$6:$E$28)/ 100

On recopie ensuite cette formule dans les 8 lignes suivantes de la colonne D. On calcule de même la cellule représentant le coût de la formule d'aliment :

E3 = SOMMEPROD(C6: C28; E6: E28)/ 100

La feuille est maintenant prête pour appeler le solveur d'Excel (Menu Outil / Solveur). On choisira la cellule $E$3 comme cible à minimiser et on introduira quatre types de contraintes :.

- compositions ($E$6:$E$28) comprises entre les bornes inférieures ($D$6:$D$36) et les bornes supérieures ($F$6:$F$36).

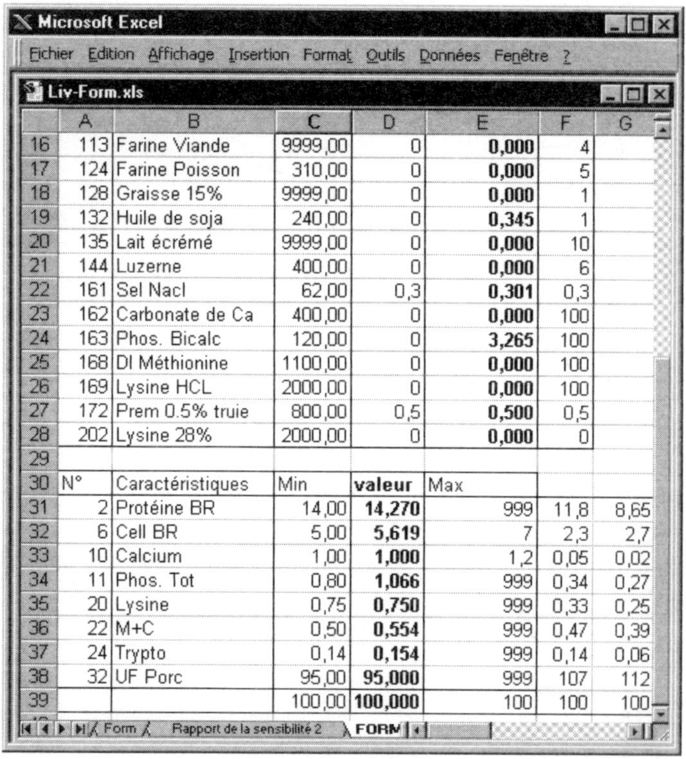

Microsoft Excel — Liv-Form.xls

	A	B	C	D	E	F	G
16	113	Farine Viande	9999,00	0	**0,000**	4	
17	124	Farine Poisson	310,00	0	**0,000**	5	
18	128	Graisse 15%	9999,00	0	**0,000**	1	
19	132	Huile de soja	240,00	0	**0,345**	1	
20	135	Lait écrémé	9999,00	0	**0,000**	10	
21	144	Luzerne	400,00	0	**0,000**	6	
22	161	Sel Nacl	62,00	0,3	**0,301**	0,3	
23	162	Carbonate de Ca	400,00	0	**0,000**	100	
24	163	Phos. Bicalc	120,00	0	**3,265**	100	
25	168	Dl Méthionine	1100,00	0	**0,000**	100	
26	169	Lysine HCL	2000,00	0	**0,000**	100	
27	172	Prem 0.5% truie	800,00	0,5	**0,500**	0,5	
28	202	Lysine 28%	2000,00	0	**0,000**	0	
29							
30	N°	Caractéristiques	Min	**valeur**	Max		
31	2	Protéine BR	14,00	**14,270**	999	11,8	8,65
32	6	Cell BR	5,00	**5,619**	7	2,3	2,7
33	10	Calcium	1,00	**1,000**	1,2	0,05	0,02
34	11	Phos. Tot	0,80	**1,066**	999	0,34	0,27
35	20	Lysine	0,75	**0,750**	999	0,33	0,25
36	22	M+C	0,50	**0,554**	999	0,47	0,39
37	24	Trypto	0,14	**0,154**	999	0,14	0,06
38	32	UF Porc	95,00	**95,000**	999	107	112
39			100,00	**100,000**	100	100	100

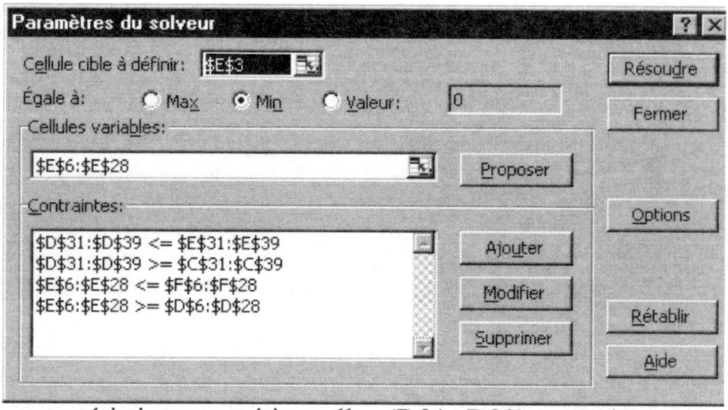

- caractéristiques nutritionnelles (D31: D39) comprises entre leurs valeurs Mini($C$31:$C$39) et Maxi($E$31:$E$39).

L'optimisation est effectuée en 3 secondes de calcul sur un Pentium 100. Le coût minimum de la formule est de 130,36 francs. On verra au chapitre suivant, comment la dualité et l'analyse post-optimale permettront de faire des analyses de sensibilité sur la solution fournie.

1.3. Le problème de construction d'horaires

Utilisons le solveur d'Excel pour trouver une solution optimale à notre problème. À partir de la feuille de calcul que nous avons déjà réalisée, l'opération va être facile à mettre en œuvre. Sélectionnons «Solveur» dans le menu «Outils». La fenêtre «Paramètres du Solveur» va nous permettre de préciser critère et contraintes. La cellule cible est celle qui correspond au critère que l'on veut minimiser, c'est donc la cellule $D$27: nombre total d'heures payées. Après avoir sélectionné l'option «Min», définissons les 17 variables de décision par la zone $E$2:$U$2.

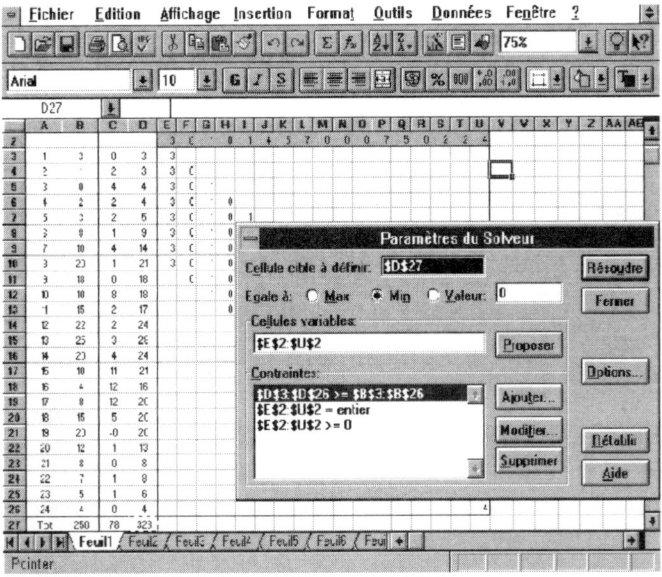

Les contraintes peuvent se définir globalement par champs entiers:

- La première série de contraintes exprime que la colonne D (effectifs présents dans la solution) est supérieure ou égale à la colonne B (charge à couvrir).
- La seconde série de contraintes exprime que les variables de décision sont entières (si on ne la met pas, le solveur trouve une solution fractionnaire).
- La troisième série de contrainte exprime que les variables de décision sont positives ou nulles.

Il suffit de choisir l'option «Résoudre» et l'on obtient en 2 secondes de calcul (sur un Pentium 100), une solution optimale qui met automatiquement à jour les cellules ainsi que le graphique de charge associé.

2. Résolution à l'aide du modeleur XPRESS-MP

Tous les exemples traités dans ce livre peuvent être résolus avec la version 1.30 pour étudiants. Cette version gratuite peut être obtenue depuis le site web d'EURO-DECISION *http: //www. eurodecision. fr*

2.1. *Le problème de transport*

La version Windows de XPRESS-MP se présente selon l'écran ci-après. Une première option du menu (Edit) donne accès à un éditeur de texte qui permet d'écrire le modèle.

La transposition du modèle mathématique du transport tel

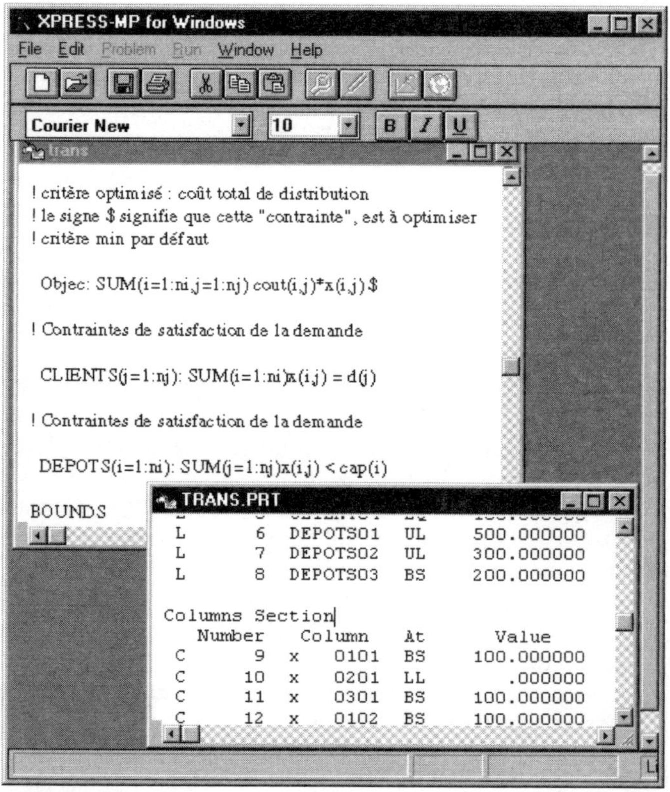

qu'il a été présenté au chapitre chapitre II, § 2.2, page 24 dans la syntaxe du modeleur XPRESS est la suivante:

```
MODEL TRANSPORT
LET nj = 4! nombre de clients (indice j)
ni = 3! nombre de dépôts (indice i)
VARIABLES
x(ni, nj)! quantité livrée au client j depuis le dépôt i
TABLES
! permet de définir des structures de données
d(nj)! demande des clients j
cap(ni)! capacité des dépôts i
cout(ni, nj)! coût de distribution de i vers j
DATA
! pour ce petit problème les données sont inclues dans le
! modèle, mais il est possible de déclarer des fichiers
! textes ou autres et de les lire avec DISKDATA
d = 200,400,300,100
cap = 500,300,400
cout(1,1) = 10,8,5,9
cout(2,1) = 7,5,5,3
cout(3,1) = 11,10,8,7
CONSTRAINTS
! critère optimisé: coût total de distribution
! le signe $ signifie que cette "contrainte", est à optimiser
! critère min par défaut
Objec: SUM(i = 1: ni, j = 1: nj) cout(i, j)*x(i, j) $
! Contraintes de satisfaction de la demande
CLIENTS(j = 1: nj): SUM(i = 1: ni) x(i, j) = d(j)
! Contraintes de satisfaction de la demande
DEPOTS(i = 1: ni): SUM(j = 1: nj) x(i, j) < cap(i)
GENERATE
```

On remarquera comme il est facile d'exprimer le modèle qui garde une forme équivalente à la formulation mathématique. Une seule ligne est nécessaire pour exprimer un type de contraintes (Contraintes CLIENTS par exemple).

L'exécution se fait en choisissant l'option (Run / SolveLP). Une solution optimale est obtenue en 6 itérations simplexe, à partir d'une base avancée (technique de ***crashing***), et en moins d'une seconde de temps de calcul sur un Pentium.

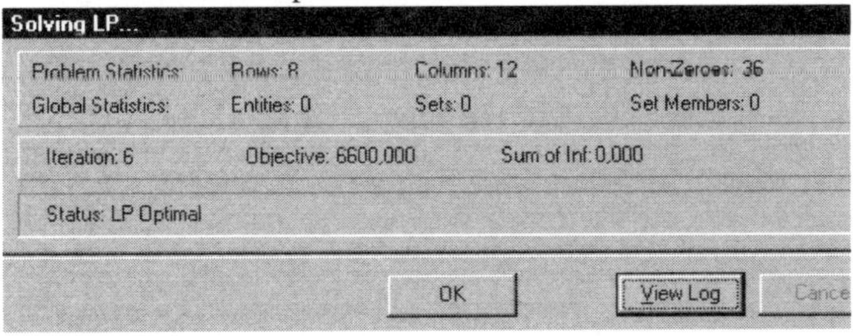

On peut imprimer ou visualiser la solution en choisissant l'option (Run / SolutionPrintFile). La solution est entière, ce qui est toujours le cas pour un problème de transport. (En raison de la propriété d'unimodularité de la matrice des coefficients, cf. Chapitre VII, § 1).

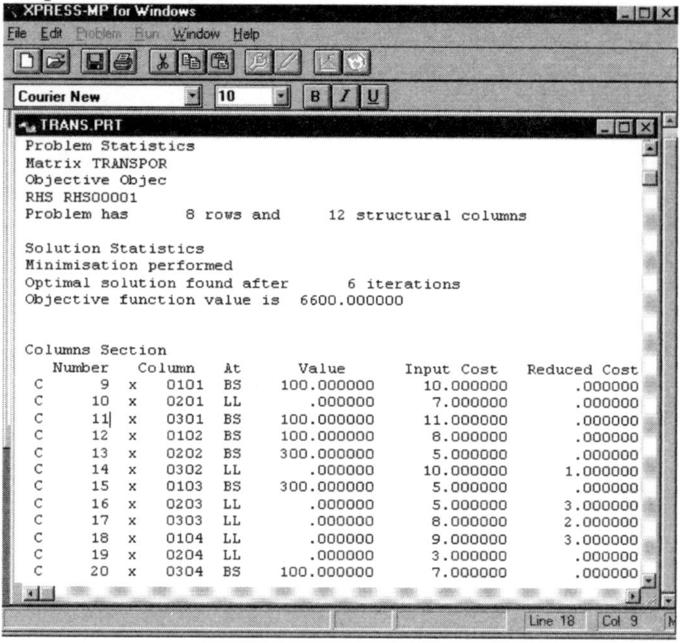

En reportant cette solution dans le tableur (Excel), on obtient sous une forme plus facile à lire le plan de distribution optimal.

DEPOTS	C1	C2	C3	C4	Capacités
D1	100	100	300		500
D2		300			300
D3	100			100	400
Demandes	200	400	300	100	6600

2.2. Le problème de formulation d'aliments

Le modèle s'écrit sous la forme suivante:

MODEL FORM
! modèle Formule d'aliment pour animaux
LET nj = 23! nombre de matières premières
ni = 8 ! nombre de caractéristiques nutritionnelles
VARIABLES
x(nj)! pourcentage de matière première j utilisée
TABLES
! Définition des structures de données
prix(nj) ! prix de la matière première (MP) j

```
xMin(nj) ! pourcentage minimum de j
xMax(nj) ! pourcentage minimum de j
car(ni, nj)! coefficients de contribution de MP j à la caractéristique i
carMin(ni) ! valeur minimale de la caractéristique
carMax(ni) ! valeur maxiimale de la caractéristique
DISKDATA
! Diskdata permet de lire des données sur des fichiers textes
prix = form1.pri
xMin = form1.xmi
xMax = form1.xma
car = form1.car
carMin = form1.cmi
carMax = form1.cma
CONSTRAINTS
! critère optimisé: coût total d'achat des matières premières
! critère min par défaut
Objec: SUM(j = 1: nj) (prix(j)/ 100)*x(j) $
! Contraintes de caractéristiques nutritionnelles
CMIN(i = 1: ni): SUM(j = 1: nj)(car(i, j)/ 100)*x(j) > carMin(i)
CMAX(i = 1: ni): SUM(j = 1: nj)(car(i, j)/ 100)*x(j) < carMax(i)
! Contraintes de répartition égale à 100 %
REPART: SUM(j = 1: nj) x(j) = 100
BOUNDS
x(j = 1: nj) > xMin(j)
x(j = 1: nj) < xMax(j)
GENERATE
```

On remarquera la lecture des données dans des fichiers textes. En moins d'une seconde de calcul XPRESS donne la formule au coût minimum de 130,36 francs

2.3. Le problème de construction d'horaires

La transposition du modèle mathématique de la couverture de charge tel qu'il a été présenté au § 2.3du chapitre II s'écrit de la façon suivante dans la syntaxe du modeleur XPRESS-MP:

```
MODEL HORAIRE
! sélection d'horaires ayant tous la même durée (8 heures)
LET  nj = 17 ! nombre d'horaires
 nt = 24 ! nombre de périodes de 1 heure
VARIABLES
x(nj)! nombre d'agents affectés à l'horaire i
TABLES
! permet de définir des structures de données
charge(nt) ! charge à couvrir en nombre d'agents en t
duree(nj)! durée de l'horaire j
hdeb(nj)! heure de début horaire j
DISKDATA
! Lecrture de la charge sur fichier texte
charge = CHARGE. DAT
ASSIGN
! Assign permet de faire des calculs et d'initialiser des
! structures de données
hdeb(j = 1: nj) = j ! horaires débutant de 1 à 17
duree(j = 1: nj) = 8 ! horaires finissant 8 heures plus tard
```

```
cout(j = 1: nj) = duree(j)  ! cout = durée
CONSTRAINTS
! critère optimisé: durée total de travail

Objec: SUM(j = 1: nj) duree(j)*x(j) $
! Contraintes de charge à couvrir
! le signe & signifie que l'on poursuit à la ligne suivante
CHARGE(t = 1: nt): &
SUM(j = 1: njlhdeb(j)< = t. and. t < = hdeb(j)+duree(j)-1) x(j) > charge(t)
GENERATE
```

Vous remarquerez les possibilités très intéressantes dans le modeleur pour exprimer des conditions booléennes complexes. En effet, nous avons modélisé ici directement la condition selon laquelle pour sommer les variables x(j), il faut que l'horaire j couvre la période t: (hdeb(j) ≤ t ≤ hfin(j)).

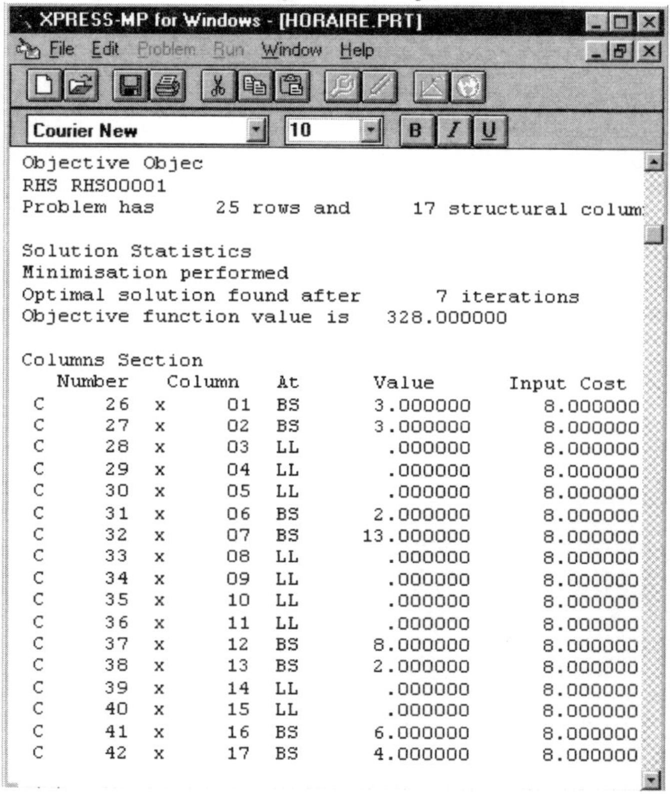

Pour exécuter le programme, il faut au préalable créer le fichier CHARGE.DAT données représentant la charge à couvrir.

Une solution optimale de valeur F = 328 heures, est obtenue en 7 itérations simplexes, à partir d'une base avancée (technique de ***crashing***), et en moins d'une seconde de temps de calcul.

Dans la première ligne du fichier de résultat, on lit le nombre de variables (17), le nombre de lignes de la matrice (25 = 1 critère + 24 contraintes de charge), la valeur de la fonction objectif (328 heures de travail), et enfin 8 horaires sélectionnés sur les 17 horaires candidats, avec le nombre d'agents affectés à chaque horaire: (3 agents débutent à l'heure 1, 5 à l'heure 6 ..., 4 à l'heure 17).

En reportant cette solution dans un environnement graphique (Excel), on obtient la couverture de la charge, et la mise en évidence des excédents (surface foncée sur le graphique). Notons que ces excédents sont également les valeurs des variables d'écart de la forme standard du programme linéaire.

FIGURE 5

Couverture optimale de la charge avec 328 heures

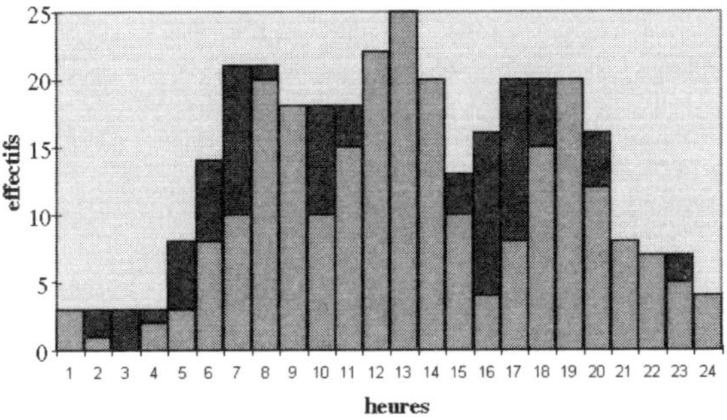

3. Résolution à l'aide de LP-TOOLKIT

LP-TOOLKIT est un produit logiciel d'EURO-DECISION. Il se présente comme une librairie de classes C++, permettant d'écrire un programme linéaire en restant proche du modèle mathématique et des structures de données associées au modèle. Il s'interface avec des solveurs du marché tels que OSL, CPLEX, XPRESS-MP.

3.1. *Principe*

L'écriture d'un modèle n'est pas aussi facile qu'avec un modeleur externe tel que XPRESS-MP mais en revanche **LP-TOOLKIT** permet d'intégrer de façon beaucoup plus fiable et performante un solveur de programmation linéaire dans une application informatique finale sous la forme de sous-programmes. Il permet de mieux tirer parti des analyses post-optimales et de techniques avancées telles que la génération de colonnes.

Sans rentrer dans les détails, le programme linéaire correspondant au programme de transport se présentera sous une forme très proche du modèle mathématique, tout en se formulant dans le langage C++ ou le langage Visual Basic. La construction du modèle se fait à l'aide de trois fonctions de base de **LP-TOOLKIT**:
- ***newVar***: création d'une variable
- ***newConst***: création d'une contrainte
- ***newElt***: création d'un élément non nul à l'intérieur d'une contrainte.

3.2. Modèle de transport en C++

Pour le lecteur ayant des connaissances en langage C / C++, on donne ci-après le code correspondant.

```
// Sous-Programme écrit en C++ du modèle de transport
// appel de LP-TOOLKIT
# include "lptk4.h"
// Programme Linéaire appelant le solveur CPLEX.
// Le problème est déclaré comme une classe (transPL) dérivée de la classe générale
// d'un problème linéaire appelant le solveur CPLEX. (cpxllprob)
class transPL: public cpxlpprob
{
public:
transPL(intmaxvar, intmaxcont, intmaxelt): cpxlpprob(maxvar, maxcont, maxelt) {}
cree_modele(int *ni, int *nj, int *nl, float *capacite, float *demande, float *cout);
};
// écriture de la fonction de création du modèle de transport
transPL::cree_modele(int *ni, int *nj, int *nl, float *capacite, float *demande, float *cout)
{
int i, j;
lpcontObj *cont; // objet contrainte de LP-TOOLKIT
lpvarlist X(*ni,*nj); // objets variables de LP-TOOLKIT
double Xsol [100] [100] // tableau de récupération des valeurs de X(i, j)
// Création des variables X(i, j)
// pour chaque nouvelle variable, on donne son coût, ses bornes inf. et sup.
// et l'adresse de récupération de la solution (ici un tableau Xsol)
for (i = 0; i <*ni; i++)
for (j = 0; j <*nj; j++)
X(i, j) = newVar((double) cout [l], 0, infin, & Xsol [i] [j]);
// Création des contraintes de demandes clients égales à demande [j]
for (j = 0; j <*nj; j++) // une contrainte à l'égalité s'écrit binf = bsup
{
cont = newConst((double) demande [j],(double) demande [j]);
for (i = 0; i <*ni; i++) newElt(cont, X(i, j), 1.0)
```

```
}
// Création des contraintes capacités
for (i = 0; i <*ni; i++)
{
cont = newConst(0,(double) capacite [i]);
for (j = 0; j <*nj; j++) newElt(cont, X(i, j), 1.0)
}
printf("Nombre de variables: % d\n", getnvar());
printf("Nombre de contraintes: % d\n", getncont());
printf("Nombre de coefficients: % d\n", getnelt());
return(1);
}
// fonction d'appel de la résolution du problème
// les données du problème se trouvent dans les tableaux C++ capacite,
demande
// et cout
int resoud(int *ni, int *nj, int *nl, float *capacite, float *demande, float
*cout)
{
int code;
transPL MyLP = transPL(100,100,5000);
MyLP. cree_matrice(ni, nj, capacite, demande, cout);
MyLP. setobjective(1); // -1 :Max, 1: Min
code = MyLP. optimise();
{
printf("objectif min = % f\n", MyLP. getobjvalue());
}
// les résultats sont automatiquement récupérés dans la structure de
données
// Xsol [i] [j]
return (code);
}
```

Remarquons que si l'on veut utiliser le solveur OSL sur ce problème, il suffit de remplacer la ligne

class transPL: public cpxlpprob,

par la ligne

class transPL: public osllpprob

Un des intérêts de travailler avec une couche logicielle déclarative d'un modèle et indépendante des structures de données du solveur réside dans cette possibilité de tester aisément différents solveurs, par exemple dans une phase de prototypage.

3.3. Modèle de transport en Visual Basic

Depuis peu Euro-Décision fournit une interface Visual Basic permettant d'accéder aux classes C++ de **LP-TOOLKIT** sans avoir à programmer en C++. Il est ainsi possible de générer directement des modèles de Programmation Linéaire à partir d'outils très répandus comme MS-ACCESS ou Excel, et de tirer parti de la très grande puissance des solveurs tels que CPLEX, OSL ou XPRESS-MP.

```
Dim myProb As Long'Objet problème
Dim X() As Long 'Objet variable
Dim Cont As Long'Objet contrainte
' appel de XPRESSavec une taille de 10 Kb
myProb = newProb("XPRESS", 10000)
' création des variables X(i, j)
For i = 0 To ni — 1
For j = 0 To nj — 1
 X(i, j) = newVar1_(cost(i, j), 0, infin, Xsol(i, j))
Next j
Next i
'création des contraintes de capacité des dépôts
For i = 0 To ni — 1
Const = newConst(0, capa(i))
For j = 0 To nj- 1
test = newElt(Const, X(i, j), 1)
Next j
Next i
' création des contraintes de demande
For j = 0 To nj- 1
Con t = newConst(demande(j), demande(j))
For i = 0 To ni — 1
test = newElt(Cont, X(i, j), 1)
Next i
Next j
setObjSense (1)'objectif: minimiser le coût
test = optimise()'optimise
```

Pour utiliser **LP-TOOLKIT** en Visual Basic, il faut au préalable déclarer des variables Visual basic et stocker les données (demande(j), capacite(i), cout(i, j)) et les résultats (Xsol(i, j)) à partir des tables ou requêtes de la base de données.

CHAPITRE IV

Dualité et Analyse Post-Optimale

La méthode du simplexe permet d'obtenir une solution optimale à tout programme linéaire en variables continues (non entières). La théorie de la **dualité** donne d'autres informations caractérisant une solution optimale. De cette théorie sont également nées des techniques très performantes de post-optimisation permettant d'effectuer des analyses de sensibilité souvent extrêmement intéressantes et utiles à l'interprétation des résultats.

1. La dualité

1.1. *Définition et théorie*

1.1.1. *Variable duale associée à une contrainte*

Considérons une solution optimale d'un PL et une de ses contraintes se présentant sous la forme d'une inégalité.

Ou bien cette contrainte n'est pas saturée (la variable d'écart correspondante est différente de 0) et dans ce cas toute modification locale du second membre ne modifiera ni la solution optimale trouvée, ni bien sûr la valeur de la fonction économique optimale.

Ou bien cette contrainte est saturée et lorsque le problème n'est pas dégénéré si on la resserre davantage, la solution optimale va se déplacer et la fonction économique va se dégrader. Inversement, si l'on relâche cette contrainte, la fonction économique va s'améliorer.

Vous pouvez aisément vérifier ceci en modifiant sur l'exemple du transport la capacité du dépôt n° 2. Essayez sur le tableur Excel de resserrer la contrainte d'une unité (donnez une capacité de 299 au lieu de 300). Vous constaterez après une nouvelle optimisation que la fonction de coût passe de 6600 à 6604. L'augmentation de 4 francs est la *valeur duale* de la contrainte capacité du dépôt n° 2.

On appelle **valeur duale** *associée à une contrainte la quantité dont varie la fonction économique lorsqu'on fait varier d'une unité la valeur du second membre.*

Si la fonction économique est monétaire, la valeur duale

représente un coût de la ressource correspondante. Mais ce coût n'est pas une donnée, c'est un résultat de l'optimisation qui tient compte de l'ensemble des contraintes saturées. Ces valeurs sont donc très utiles dans l'analyse d'une solution optimale. Elles permettent de connaître les contraintes les plus contraignantes, celles dont une modification permettrait le plus grand gain marginal de la fonction économique.

Grâce à la théorie de la dualité, la méthode du simplexe donne toutes les valeurs duales d'un programme linéaire lorsqu'on a une solution de base optimale.

1.1.2. Programme dual

A tout programme linéaire, on peut associer un autre programme linéaire appelé **programme dual**.

Considérons un programme linéaire sous forme standard, ce programme sera appelé **programme primal**:

Primal:

$$Min \sum_j c_j \mathbf{x}_j$$

$$\sum_j a_{ij} \mathbf{x}_j \geq b_i \quad \text{pour tout i}$$

$$\mathbf{x}_j \geq 0 \quad \text{pour tout j}$$

Le programme linéaire dual est construit en associant à toute contrainte i du primal, une variable duale $\mathbf{y_i}$ et à toute variable j du primal, une contrainte. Les coûts associés aux variables du dual sont les seconds membres du primal et les seconds membres du dual sont les coûts du primal.

Dual:

$$\mathbf{Max} \sum_i b_i \mathbf{y}_i$$

$$\sum_i a_{ij} \mathbf{y}_i \leq c_j \quad \text{pour tout j}$$

$$\mathbf{y}_i \geq 0 \quad \text{pour tout i}$$

Ou encore sous forme matricielle, on obtient la présentation du tableau 10, en introduisant la matrice des contraintes A et sa transposée A', la matrice du second membre b (transposée b'), et la matrice des coûts c (transposée c').

Lorsqu'un programme linéaire n'est pas écrit sous forme standard, il comprend des contraintes à l'égalité, et dans ce cas on a de plus les conditions suivantes:

- à une contrainte d'égalité du primal, la variable associée du dual est sans contrainte de signe,

TABLEAU 10

Primal et dual sous forme matricielle

Primal	Dual
Min c**x**	Max b'**y**
A**x** ≥ b	A'**y** ≤ c'
x ≥0	**y**≥0

- à une variable sans contrainte de signe du primal, la contrainte associée du dual est une contrainte d'égalité.

Une première propriété est liée au mode de construction : le programme dual du dual est le primal.

Considérons Fp = c. **x** la fonction économique du primal et Fd = b. **y** celle du dual.

La théorie de la dualité nous donne également les résultats du tableau 11.

TABLEAU 11

Primal	Dual
programme non réalisable	programme infini
programme infini	programme non réalisable
programme optimum	programme optimum
Fp = Fd	Fp = Fd
contrainte i saturée	$\mathbf{y}_i \geq 0$
contrainte i non saturée	$\mathbf{y}_i = 0$
$\mathbf{x}_j \geq 0$	contrainte j saturée
$\mathbf{x}_j = 0$	contrainte j non saturée

La méthode du simplexe donne à l'optimum la solution du programme dual.

Il s'agit là d'un résultat d'une portée pratique considérable, qui donne un avantage certain à la méthode du simplexe sur toute autre méthode intérieure.

Notamment :

- il n'est pas nécessaire de résoudre le programme dual pour connaître les valeurs duales associées.
- si le programme dual est plus facile à résoudre que le primal, il est plus intéressant de le résoudre et on obtiendra à l'optimum la valeur du programme primal recherché en prenant les valeurs duales du problème dual résolu (en effet on a vu que le dual du dual est le primal).

Cette dernière propriété est utilisée dans des solveurs sous forme d'une **méthode duale**. On peut rester dans la formulation du primal et résoudre le programme dual sans l'expliciter (il reste virtuel). C'est pourquoi, la plupart des solveurs proposent une résolution soit par la méthode primale, soit par la méthode duale. Pour plus de détails sur ces diverses méthodes, on consultera les ouvrages de Teghem [27] ou Minoux [20].

1.2. Analyse duale du problème de transport

La solution optimale du problème de transport trouvée au chapitre III est, rappelons-le, la suivante (6600 étant la valeur de la fonction objectif à l'optimum):

TABLEAU 12

Solution optimale du problème de transport

DEPOTS	C1	C2	C3	C4	Capacités
D1	100	100	300		500
D2		300			300
D3	100			100	400
Demandes	200	400	300	100	**6600**

Examinons maintenant le listing complet, donné ci-après, d'un résultat obtenu par XPRESS-MP et interprétons les valeurs duales. Il contient deux sections principales: la section des contraintes (*Row Section*) et la section des variables (*Column section*).

1.2.1. Informations duales relatives aux contraintes

La section des contraintes (Cf. tableau 13) nous donne pour chacune d'elle:

- son nom (numéro),
- son statut (AT) avec la signification suivante:
  . BS: la variable d'écart est de base, c.a.d pouvant être différente de 0
  . LL: la contrainte est saturée et l'activité est égale à sa borne inférieure (*L pour Lower Bound*)
  . UL: la contrainte est saturée et l'activité est égale à sa borne supérieure (*U pour Upper Bound*)
  . EQ: la contrainte est saturée et correspond à une contrainte à l'égalité (*EQ pour EQuality*)
- l'activité de cette contrainte (c.a.d. la valeur du premier membre),
- la valeur de la variable d'écart (*slack value*) égale à la différence entre le second membre et l'activité,
- la valeur duale,
- la valeur du second membre (RHS: *Right Hand Side*).

Pour toute contrainte, soit la variable d'écart est nulle, soit la valeur duale est nulle. Lorsque la contrainte est saturée (écart nul), la valeur de la variable duale nous donne une indication de la «pression» sur cette contrainte.

TABLEAU 13

Résultats : section des contraintes

Number	Row	At	Value	Slack	**Dual**	RHS
N 1	Objec	BS	6600	-6600	**0**	0
E 2	Client1	EQ	200	0	**-11**	200
E 3	Client2	EQ	400	0	**-9**	400
E 4	Client3	EQ	300	0	**-6**	300
E 5	Client4	EQ	100	0	**-7**	100
L 6	Depot1	UL	500	0	**1**	500
L 7	Depot2	UL	300	0	**4**	300
L 8	Depot3	BS	200	200	**0**	400

Les contraintes de demande des clients sont toutes saturées et la valeur duale nous indique combien il coûtera au système de distribution de livrer une unité supplémentaire de marchandise. Ainsi le client C1 est le plus coûteux, marginalement, à satisfaire, avec une valeur duale de 11 francs par unité. Rien d'étonnant, apparemment, puisque dans la solution optimale le client C1 est livré depuis le dépôt 3 et que le coût unitaire de transport est de 11 F par unité. Certes, mais remarquez que précisément le dépôt 3 n'est pas saturé et augmenter la livraison du client C1 de 1 unité *n'aurait pas de conséquence sur les livraisons des autres clients*.

En revanche, la valeur duale du client C2 est de 9 F / unité, «donnée économique» qui ne se trouve pas dans les données d'entrée du problème. En effet, le client C2 est livré depuis le dépôt D1 à raison de 8 F / unité et le dépôt D2 à 5 F / unité. Ces chiffres n'ont rien à voir avec la valeur duale 9 F / unité, qui est même supérieure au coût moyen de distribution de la demande du client C2 (coût moyen = (200x5+200x8)/ 200 = 6,50 F / unité). En effet, il faut également tenir compte du fait que les deux dépôts effectuant la livraison du client C2 sont saturés et que livrer une quantité supplémentaire au client C2 depuis l'un de ces dépôts nécessiterait de modifier les distributions aux autres clients. Le prix de la valeur duale résume de façon globale par rapport au système de distribution, toutes les conséquences en cascade d'une telle modification marginale.

En effet, effectuons une nouvelle optimisation avec une demande de 401 pour le client 2. On obtient bien un coût de 6609 avec la solution du tableau 14.

Le surcoût de 9 F se décompose d'une part en 5 F pour

l'unité supplémentaire livrée au client C2 depuis le dépôt D2 et d'autre part en (7-3 = 4 F) pour une unité de demande du client C4 livré à partir du dépôt D3 (à 7 F) au lieu du dépôt D2 (à 3 F).

TABLEAU 14

Résultats: section des variables

Column	At	Value	Input cost	Reduced cost
X0101	LL	0	10	0
X0201	LL	0	7	0
X0301	BS	200	11	0
X0102	BS	200	8	0
X0202	BS	201	5	0
X0302	LL	0	10	1
X0103	BS	300	5	0
X0203	LL	0	5	3
X0303	LL	0	8	2
X0104	LL	0	9	3
X0204	BS	99	3	0
X0304	BS	1	7	0

Remarquons enfin que la nouvelle solution optimale est meilleure que celle qui viendrait à l'esprit d'un gestionnaire pressé et peu enclin à imaginer de multiples combinaisons en cascade. Il aurait en effet tenu le raisonnement suivant: seul le dépôt D3 n'est pas saturé, livrons donc le client C2 à partir de ce dépôt. Le coût eut été alors de 10 F par unité supplémentaire, portant le coût total à 6610 F Certes la différence de 1 F n'est guère significative dans cet exemple, mais le raisonnement reste le même pour des modifications et des conséquences plus importantes.

Considérons maintenant les contraintes de capacité des dépôts. Seul le troisième dépôt n'est pas saturé. Le dépôt D2 est saturé et sa valeur duale est égale à 4. Cela signifie que l'augmentation de la capacité d'une unité, nous permet de gagner 4 F par unité distribuée. On conçoit que l'analyse des valeurs duales soit précieuse avant d'effectuer des analyses de sensibilité plus poussées. Imaginons que l'on puisse investir pour augmenter la capacité des dépôts. Faut-il accroître la capacité du dépôt D1 ou celle du dépôt D2 ? Si l'on s'en tient aux valeurs duales, une légère augmentation de capacité est nettement plus intéressante sur le dépôt D2 (valeur duale de 4 F / unité au lieu de 1 F / unité).

1.2.2. Informations duales relatives aux variables

La section des variables (cf. tableau 14) nous donne pour chacune d'elle:

- son nom (X0102, pour une livraison du client C2 depuis le dépôt D1 ...),
- son statut (AT) avec la signification suivante :
  . BS : variable de base, c.a.d pouvant être différente de 0,
  . LL : variable hors base à sa borne inférieure (0 ici),
  . UL : variable hors base à sa borne supérieure (situation non présente ici),
- la valeur de la variable,
- le coût unitaire de la variable,
- le coût réduit à l'optimum.

Lorsque le coût réduit d'une variable est nul, cela signifie que la solution optimale n'est pas unique. On peut par exemple vérifier que si l'on impose une valeur différente de 0, disons 10, à la variable X(1,1), on pourra encore trouver une solution optimale de coût 6600.

Remarque : *Avec XPRESS MP, il suffit de rajouter les deux lignes suivantes après la section CONSTRAINTS du modèle :*

```
BOUNDS
    x(1,1) = 10
```

Lorsque la variable est bornée, le coût réduit représente la valeur duale de la contrainte de borne (augmentation ou diminution de la fonction économique pour une augmentation d'une unité de la variable).

2. Analyse de sensibilité

Les valeurs duales nous informent sur toute modification marginale de la solution (modification d'un second membre, d'une borne d'une variable). L'analyse de sensibilité va nous permettre d'aller plus loin en nous donnant des plages de valeurs des données d'entrée (coûts, seconds membres), n'entraînant pas de modification de la solution primale ou duale.

2.1. Analyse de sensibilité du second membre (problème transport)

On a vu par exemple que la valeur duale de la contrainte de demande du client C2 était de 4. Mais jusqu'à quelle valeur de demande supplémentaire, cette valeur duale reste-t-elle valable ? L'analyse de sensibilité permet de répondre à cette question.

Techniquement, l'analyse de sensibilité est effectuée grâce à des techniques de post-optimisation.

Dans XPRESS-MP effectuons l'analyse de sensibilité en choisissant après l'optimisation, l'option «*Range Print File*». On obtient des résultats sous forme d'un listing dont on donne un extrait dans le tableau 15.

TABLEAU 15
Analyse de sensibilité

Contrainte	Duale	Capacité	CapMin	CapMax
DEPOT1	1	500	500	700
DEPOT2	4	300	300	500
DEPOT3	0	400	200	infini

Si on reprend l'exemple de la valeur duale de 4 F / unité de la capacité du dépôt D2, cette valeur duale reste la même tant que la capacité du dépôt est comprise entre 300 et 500. On peut donc prédire que si on accroît la capacité du dépôt D2 de 300 à 500, la valeur de la fonction optimale sera égale à 6600 – 200x4 = 5800 et cela sans relancer une optimisation.

Après une optimisation faite avec le solveur d'Excel, on peut demander une analyse de sensibilité (option «*rapport / sensibilité*» dans la fenêtre du solveur). Celle-ci donne le tableau de la figure comparable aux résultats donnés par l'option «*Range*» de XPRESS-MP.

Microsoft Excel 7.0 Rapport de la sensibilité
Feuille: [Liv-trans-opt.xls]Feuil1
Date du rapport: 28/10/97 09:46:36

Contraintes

Cellule	Nom	Valeur Finale	Coût Dual	Contrainte à droite	Augmentation admissible	Réduction admissible
$B$13	Total livré C1	200	11	200	200	100
$C$13	Total livré C2	400	9	400	100	100
$D$13	Total livré C3	300	6	300	100	100
$E$13	Total livré C4	100	7	100	200	100
$F$10	D1 Total départ	500	-1	500	100	100
$F$11	D2 Total départ	300	-4	300	100	100
$F$12	D3 Total départ	200	0	400	1E+30	200

Rapport de la sensibilité 1 / Rapport de la

On retrouve par exemple que la valeur duale du dépôt 2 est égale à 4 (au signe près), et qu'elle reste constante pour une capacité comprise entre 200 et 400. Il faut néanmoins interpréter ces valeurs avec prudence en raison de dégénérescences de certains programmes linéaires (cas de solutions optimales multiples). Si on peut être sûr que la valeur duale reste la même tant que la valeur du second membre est comprise entre 200 et 400, au-delà de ces valeurs, il faut à nouveau faire une optimisation pour connaître une nouvelle plage. Précisément, dans notre exemple de transport, on rencontre ce phénomène de dégénérescence car à partir de la même valeur du second membre,

XPRESS-MP donne la plage 300-500 et Excel la plage 200-400. *Notez également que les deux solutions optimales de valeur 6600 ne sont pas identiques avec les deux solveurs et qu'il existe donc plusieurs solutions optimales.* Ces deux plages sont incomplètes dans chacun des deux solveurs et comme on le verra lors de l'analyse paramétrique du second membre, la vraie plage s'étend de 200 à 500.

2.2. Analyse de sensibilité des coûts (problème de formulation)

Si on examine la sensibilité de la solution optimale, on constate que chaque coût unitaire peut varier dans une plage sans que la solution optimale ne soit modifiée. Bien entendu, la valeur de la fonction économique changera mais pas la solution. Cette analyse est très utile dans notre problème de formulation d'aliments pour animaux. On a vu que les prix des matières premières étaient soumis à des fluctuations. L'analyse de sensibilité va nous donner toutes les plages des prix laissant notre formule optimale.

Examinons-le tableau 16 qui présente un extrait de l'analyse de sensibilité obtenue à l'aide de XPRESS-MP. Si le prix de la tonne d'*« Orge 2 rangs »* (variable X03) reste compris entre 122,90 F (Prix Mini) et 133,50 F (Prix Maxi), il faudra conserver de l'orge à hauteur de 40,54 % dans la formule.

Pour les matières premières non introduites dans la formule, le prix minimum s'appelle prix d'intérêt. En effet si le prix du blé standard (variable X01), qui est aujourd'hui de 135 F la tonne, descend sous la barre de 134,30 F, alors il faudra incorporer du blé dans la formule si l'on veut une nouvelle formule à coût minimum. On constate en effet que si le prix du blé descend à 130 F par exemple, on obtient une nouvelle formule dont le prix est de 129,52 F, avec 24 % de blé pris au dépend de l'orge dont la proportion dans la formule tombe à 15 %.

TABLEAU 16

Analyse de sensibilté sur les coûts (XPRESS-MP)

Variable	Valeur	Cout réduit	Prix	Prix Maxi	Prix Mini
x01	0	0.007	1.350	infini	1.343
x02	0	0.053	1.400	infini	1.347
x03	40.541	0	1.328	1.335	1.229

Excel permet également de réaliser une analyse de sensibilité sur les coûts (prix), (cf. figure 6, page 60).

FIGURE 6

Microsoft Excel 7.0 Rapport de la sensibilité
Feuille: [Form.xls]FORM1
Date du rapport 11/11/96 23:45

Cellules variables

Cellule	Nom	Compos %	Coût réduit	Prix Matière	Prix Maximum	Prix Minimum
$E$6	Blé standard	0.000	0.007	1.350	###########	1.343
$E$7	Mais standard	0.000	0.053	1.400	###########	1.347
$E$8	Orge 2 rangs	40.541	0.000	1.328	1.335	1.229
$E$9	Pois printemps	20.000	-0.094	1.500	1.594	###########
$E$10	Manioc amidon	10.000	-0.187	1.100	1.287	###########
$E$11	T Soja 48%	5.048	0.000	1.800	1.897	1.603
$E$12	T. Tournesol	0.000	1.355	2.610	###########	1.255
$E$13	Son fin blé	15.000	-0.479	0.800	1.279	###########
$E$14	Corn gluten feed	5.000	-0.231	1.100	1.331	###########
$E$15	Mélasse betterave	0.000	0.066	1.230	###########	1.164
$E$16	Farine Viande	0.000	98.065	99.990	###########	1.925
$E$17	Farine Poisson	0.000	0.649	3.100	###########	2.451
$E$18	Graisse 15%	0.000	97.837	99.990	###########	2.153
$E$19	Huile de soja	0.345	0.000	2.400	2.719	1.633
$E$20	Lait écrémé	0.000	98.123	99.990	###########	1.867
$E$21	Luzerne	0.000	2.764	4.000	###########	1.236
$E$22	Sel Nacl	0.301	-0.229	0.620	0.849	###########
$E$23	Carbonate de Ca	0.000	2.588	4.000	###########	1.412
$E$24	Phos. Bicalc	3.265	0.000	1.200	2.834	0.837
$E$25	Dl Méthionine	0.000	9.505	11.000	###########	1.495
$E$26	Lysine HCL	0.000	3.022	20.000	###########	16.978
$E$27	Prem 0.5% truie	0.500	6.921	8.000	###########	1.079
$E$28	Lysine 28%	0.000	14.649	20.000	###########	5.351

3. Analyse paramétrique du second membre

Il est naturel, dans certaines situations, de prolonger l'analyse de sensibilité effectuée dans la section précédente et de se poser la question suivante : au-delà de la plage de stabilité d'une valeur duale, quelle sera la nouvelle valeur duale ? Cette question est d'autant plus pertinente que la plage de stabilité de la valeur duale est étroite.

L'analyse précédente montre que si l'on s'intéresse à la courbe d'évolution de la fonction objectif en fonction d'un second membre, on obtient une courbe continue, définie par morceaux linéaires, chaque morceau correspondant à une plage de l'analyse de sensibilité. La pente de chaque morceau linéaire est égale à la valeur duale de la contrainte correspondante.

Pour mettre en évidence cette courbe, il suffit de déterminer autant de solutions qu'il y a de plages.

En effectuant cette analyse sur l'exemple du problème de transport et sur la capacité du dépôt 2, on obtient les quatre plages de valeurs suivantes:

a) valeurs de la variable duale

TABLEAU 17

Capacité	100-200	200-500	500-700	700-1000
Valeur duale	5	4	3	0

b) valeurs du coût total

TABLEAU 18

Capacité	100	200	500	700	1000
Coût total	7500	7000	5800	5200	5200

FIGURE 7
Analyse paramétrique du second membre

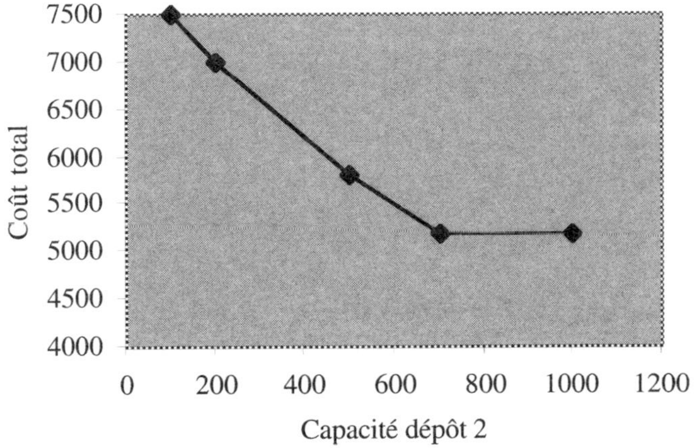

Au-delà de la valeur 1000, la courbe n'a plus d'intérêt car la demande totale est de 1000. En deçà de 100, le problème n'est plus réalisable, car la capacité des trois dépôts devient inférieure à 1000.

CHAPITRE V

Goal Programming et critères multiples

Les situations précédentes reposent sur une vision souvent simplifiée de la réalité. Elles correspondent au paradigme idéal de l'optimisation. On sait dans ce dernier si une solution est *réalisable* (elle doit satisfaire toutes les contraintes) et, parmi l'ensemble des solutions réalisables, on recherche une solution *optimale*, c.a.d; optimisant un seul critère.

La réalité ne correspond que rarement à cette situation, et de nombreux chercheurs et praticiens ont proposé des concepts et méthodes permettant de construire des modèles et solutions plus proches de la réalité. Dans la section II de ce chapitre on modélise le concept de **contrainte flexible**, concept extrêmement important en pratique et rendu opérationnel par les techniques de «*goal programming*». La suite du chapitre aborde quelques concepts et méthodes développées dans le cadre de l'aide multicritère à la décision.

1. Agrégation lexicographique des critères

Avoir recours à des critères classés par ordre d'importance pour progressivement départager des ex aequo est une pratique très courante dans la prise de décision aussi bien individuelle qu'organisationnelle. Cette pratique s'appelle en théorie de la décision **agrégation lexicographique** des critères car elle correspond à la méthode de classement alphabétique des mots dans un dictionnaire ou lexique. La première lettre joue le rôle du premier critère, la seconde lettre du mot est utilisée pour départager tous les mots commençant par la même première lettre et ainsi de suite. Ce modèle d'agrégation des critères est non **compensatoire** car une très bonne valeur sur le second critère ne viendra jamais compenser une moins bonne valeur sur le premier critère.

Les modèles de programmation linéaire conduisent souvent à des situations où il existe une infinité de solutions optimales. On l'a constaté sur le problème de transport et sur celui de la construction des horaires.

La mise en œuvre d'une procédure d'agrégation lexicographique est très simple en programmation mathématique, il suffit en effet de donner des pondérations aux critères telles que leur ordre de grandeur relatif soit suffisamment important pour éviter toute compensation entre les critères. En pratique on prendra un rapport des pondérations de l'ordre de 100 ou 1000. Mais il faut toujours, lors d'une phase d'expérimentation du modèle, vérifier que les pondérations sont suffisamment différentes pour ne pas introduire d'effet compensatoire. Pour faire cette vérification, on changera la fonction économique en faisant un premier passage avec le premier critère seulement, puis un second passage avec le critère composite (agrégeant les critères), et on vérifiera que la valeur obtenue sur le premier critère reste la même lors du second passage.

Un exemple d'utilisation d'une agrégation lexicographique des critères est celui de la construction des horaires des chauffeurs de bus. La RATP utilise aujourd'hui 3 critères classés par ordre d'importance décroissante :

- 1) Minimiser le nombre de services (agents) nécessaires,
- 2) Maximiser le nombre de services directs (services sans coupure non payée),
- 3) Minimiser le nombre d'heures de travail payées.

Le premier critère est économique : couvrir les besoins de la ligne avec le nombre minimum de chauffeurs ; le second est social, car les chauffeurs préfèrent les services directs ; le troisième est à nouveau économique, car il joue sur le nombre d'heures de travail rémunérées.

L'agrégation de ces critères est lexicographique car ils sont classés par ordre d'importance, et sont non compensatoires. Il faut maximiser le nombre de services directs, tout en maintenant le nombre total de services à son niveau minimum. La combinatoire est telle (plusieurs centaines de milliers de services candidats pour une ligne de la RATP), que les solutions optimisant ces deux critères sont encore très nombreuses, d'où l'intérêt de faire intervenir un troisième critère pour départager les ex-aequo.

2. Le « goal programming » une méthode pour modéliser des contraintes flexibles

On doit à Charnes et Cooper [6], le concept de **goal programming**. Techniquement, le procédé est très simple, car il revient à exploiter les concepts de variables d'écart ou variables artificielles déjà rendues nécessaires pour mettre en œuvre l'algorithme du simplexe. Le « goal-programming » permet d'incorporer dans un modèle la notion de contraintes flexibles, ou contraintes de «goal». Il permet également d'aborder des situations plus complexes à modéliser telles que le lissage ou l'équilibrage de charge que l'on rencontre par exemple dans des problèmes de gestion de production.

2.1. Principe

Considérons une contrainte à l'égalité:

$$\sum_j a_{ij} \mathbf{x}_j = b_i$$

Cette équation mathématique exprime une **contrainte dure**. Dès que l'activité (valeur du premier membre) s'éloigne de la valeur du second membre, la solution correspondante n'est plus réalisable.

Ne peut-on assouplir cette condition? Ne peut-on pas introduire une notion de **contrainte flexible**, du type:

$$\sum_j a_{ij} \mathbf{x}_j = \textit{si possible } b_i$$

Cela est effectivement possible en considérant la valeur b_i comme un **objectif** (*goal*) à atteindre, et en introduisant deux variables d'écart $\mathbf{z}^+_i$ et $\mathbf{z}^-_i$ par rapport à l'objectif, de la façon suivante:

$$\sum_j a_{ij} \mathbf{x}_j - b_i = \mathbf{z}_i^+ - \mathbf{z}_i^-$$

$$\mathbf{z}_i^+ \geq 0 \quad \text{et} \quad \mathbf{z}_i^- \geq 0$$

Nous appelons **variables de goal** et **contraintes de goal**, les variables et contraintes ainsi introduites.

- Si $\mathbf{z}^-_i = 0$, $\mathbf{z}^+_i$ est bien égal à l'écart positif par rapport à l'objectif,
- si $\mathbf{z}^+_i = 0$, $\mathbf{z}^-_i$ représente bien, au signe près, l'écart négatif.
- si les deux variables sont nulles, l'objectif est parfaitement atteint.

Supposons que le seul critère d'optimisation soit pour l'instant de minimiser des écarts par rapport aux divers objectifs ainsi introduits, il suffit dans ce cas de choisir la fonction objectif suivante:

$$\mathbf{Min} \sum_i (\mathbf{z}_i^+ + \mathbf{z}_i^-)$$

On constate qu'à l'optimum, l'une des deux variables de

FIGURE 8
Fonction de coût associée aux variables de goal

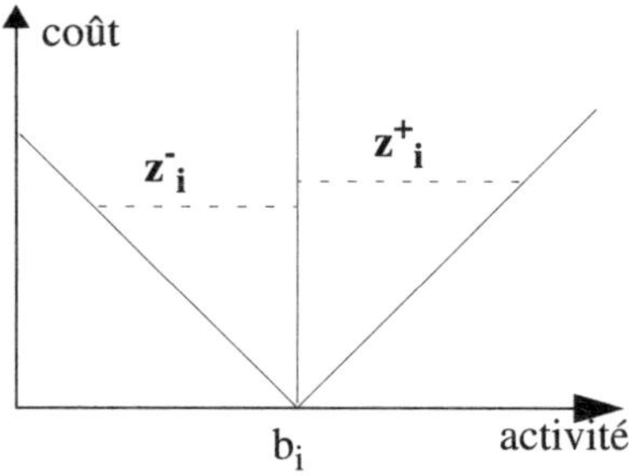

goal est nécessairement nulle. En effet, comme elles n'interviennent dans les contraintes que par leur différence, si les deux variables étaient strictement positives il suffirait de retrancher aux deux variables la plus petite des deux pour toujours satisfaire l'égalité et pour diminuer la valeur du critère.

Le procédé se généralise avec des pondérations différentes des écarts positifs et négatifs :

$$\mathbf{Min} \sum_i (p_i^+ z_i^+ + p_i^- z_i^-)$$

Les pondérations p^+_i et p^-_i doivent être positives ou nulles. Sur le graphique de la figure 8, elles représentent la pente des demi-droites. Leurs valeurs relatives traduisent des importances relatives différentes dans le respect des objectifs. Si les objectifs sont exprimés en unités différentes, les valeurs relatives représentent des taux de substitutions entre critères, et le modèle est un cas particulier des modèles d'agrégation en une fonction de valeur additive des critères (cf. Roy et Bouyssou [26], Jacquet-Lagrèze et Siskos [15] ou Vincke [28]). En ce sens le modèle de « goal programming » est parfaitement compensatoire si les pondérations prennent des valeurs relativement voisines.

Notons cependant que l'agrégation entre plusieurs critères traduisant des contraintes flexibles peut s'agréger dans une procédure lexicographique. Les priorités, dans le respect des contraintes flexibles, sont dans ce cas clairement explicitées.

Notons enfin que si l'on donne une pondération très grande à l'un des critères (valeur infinie), on transforme la contrainte de goal correspondante en une contrainte dure.

Le procédé que l'on vient d'exposer se généralise également en introduisant une fonction de coût linéaire par morceaux. Il suffit d'introduire plusieurs variables d'écart à gauche et à droite, et de considérer chaque variable bornée supérieurement par l'étendue de l'intervalle qu'elle couvre. Les pénalités correspondantes doivent être croissantes.

Considérons deux intervalles de part et d'autre de l'objectif, on obtient:

$$\sum_j a_{ij}\mathbf{x}_j - b_i = \mathbf{z1}_i^+ + \mathbf{z2}_i^+ - \mathbf{z1}_i^- - \mathbf{z2}_i^-$$

$$0 \le \mathbf{z1}_i^+ \le \mathrm{z}\mathbf{sup}1_i^+$$

$$0 \le \mathbf{z2}_i^+ \le \mathrm{z}\mathbf{sup}2_i^+$$

$$\mathbf{z1}_i^- \ge 0,\ \mathbf{z2}_i^- \ge 0$$

$$p2_i^+ \ge \mathbf{p}1_i^+ \ge 0 \quad \text{et} \quad p2_i^- \ge \mathbf{p}1_i^- \ge 0$$

FIGURE 9
Fonction de coût linéaire par morceaux

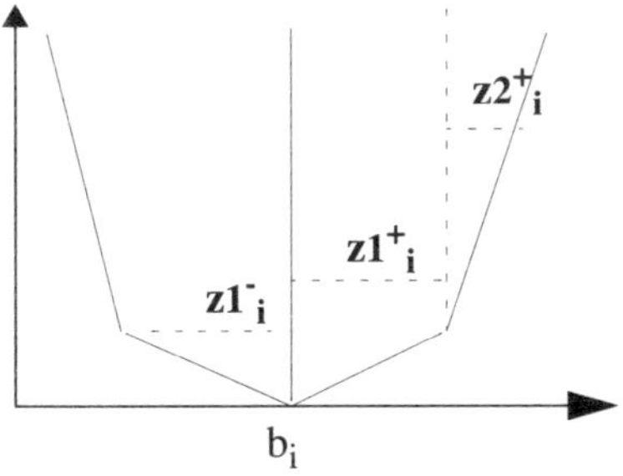

Les valeurs relatives des coûts impliquent qu'à l'optimum si la variable $\mathbf{z2}^+_i > 0$ (strictement), alors nécessairement, $\mathbf{z1}^+_i = \mathrm{zsup}1^+_i$

2.2. La construction des horaires avec effectifs limités et déficit sur la couverture de la charge

Pour illustrer l'intérêt des techniques de goal programming, reprenons le problème de la construction des horaires, avec un effectif limité. On a vu que 41 agents étaient nécessaires pour couvrir la charge. Comment construire les horaires si les effectifs disponibles ne sont que de 40 agents?

2.2.1. Modélisation avec variables et contraintes de goal

Le respect de la courbe de charge devient un objectif, et non plus une contrainte dure. Le modèle du chapitre II, page 11 peut être modifié et complété de la façon suivante:

Variables

$\mathbf{x_j}$ nombre d'agents affectés à l'horaire j

$\mathbf{e_t}$ excédent de charge durant la période t

$\mathbf{d_t}$ déficit de charge durant la période t

Notons que les deux derniers types de variables sont des variables de goal.

Contraintes

a) Couverture de la charge :

$$\sum_j a_{jt}\mathbf{x_j} - \mathbf{e}_t + \mathbf{d}_t = b_t \quad \text{pour tout pas de temps t}$$

Les deux variables de goal interviennent bien par leurs différences.

b) Effectifs imposés :

$$\sum_j \mathbf{x_j} = 40$$

Fonction objectif

On veut minimiser la somme des écarts à la courbe de charge

$$\textbf{Min} \sum_t (\mathbf{e}_t + \mathbf{d}_t)$$

2.2.2. Mise en œuvre avec XPRESS-MP

En repartant du problème HORAIRE, on arrive aisément au problème suivant :

```
MODEL HORAIRE2
! GOAL PROGRAMMING, avec variables d'excédent et de déficit
LET       nj = 17                    ! nombre d'horaires
          nt = 24                    ! nombre de périodes de 1 heure
VARIABLES
x(nj)                                ! nombre d'agents affectés à l'horaire i
e(nt)                                ! excédent période t
d(nt)                                ! déficit période t
TABLES
! permet de définir des structures de données
charge(nt)                           ! charge à couvrir en nombre d'agents en t
duree(nj)                            ! durée de l'horaire j
hdeb(nj)                             ! heure de début horaire j
DISKDATA
charge = CHARGE. DAT
ASSIGN
hdeb(j = 1: nj) = j                  ! horaires débutant de 1 à 17
duree(j = 1: nj) = 8                 ! horaires finissant 8 heures plus tard
cout(j = 1: nj) = duree(j)           ! cout = durée
CONSTRAINTS
! critère optimisé: excédent + déficit
Objec: SUM(t = 1: nt) e(t)+ SUM(t = 1: nt) d(t)$
! Contraintes de charge à couvrir
```

```
! effectis présents – excédent + déficit = charge à couvrir
CHARGE(t = 1: nt): &
   SUM(j = 1: njlhdeb(j)< = t. and. t < = hdeb(j)+duree(j)-1) x(j) -e(t) +d(t)
= charge(t)
! effectif imposé
EFFECTIF: SUM(j = 1: nj) x(j) = 40
BOUNDS
GENERATE
```

2.2.3. Résultats

Le fichier de résultats produit par XPRESS est le suivant:

```
"HORAIRE2", 26, 65, 72.000000
"x 01", 3.000000          "e 10", 8.000000
"x 06", 5.000000          "e 11", 3.000000
"x 07", 13.000000         "e 12", 3.000000
"x 12", 7.000000          "e 13", 4.000000
"x 13", 4.000000          "e 14", 5.000000
"x 14", 1.000000          "e 15", 2.000000
"x 17", 7.000000          "e 16", 8.000000
"e 02", 2.000000          "e 17", 11.000000
"e 03", 3.000000          "e 18", 4.000000
"e 04", 1.000000          "e 23", 2.000000
"e 07", 11.000000         "e 24", 3.000000
"e 08", 1.000000          "d 19", 1.000000
```

On constate que le déficit n'existe que sur une seule période de temps (19) et son niveau est d'un seul agent (d19 = 1 dans le listing ci-dessus).

FIGURE 10
Couverture de la charge avec déficit

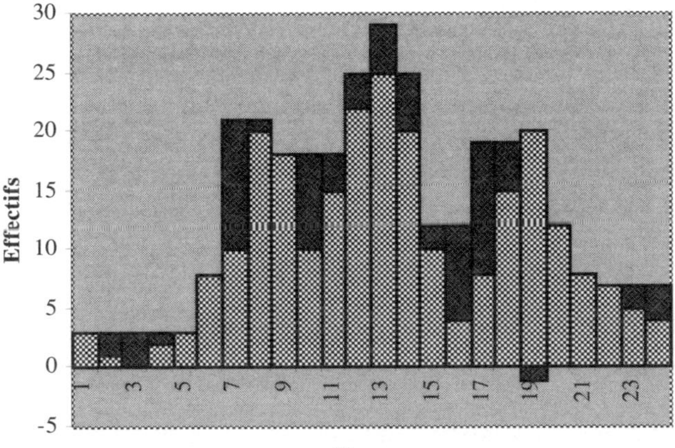

Une comparaison avec les résultats obtenus au chapitre II

nous incite à avoir une approche multicritère du problème de construction d'horaires dès lors qu'on admet du déficit. Introduisons les deux critères:

- *Coût de la solution* exprimé en nombre d'heures payées
- *Qualité de service* mesurée à partir du nombre d'heures de déficit, et défini comme le ratio suivant:
- QDS = (nb. heures de la charge couvertes)/(total charge à couvrir).
- Dans la solution actuelle, QDS = 349 / 350 = 99,7 %

Les deux solutions construites ont par conséquent pour évaluations:

TABLEAU 19

Evaluation multicritère des horaires

	Coût (nb. d'heures)	QDS
Solution chap. II	328	100 %
Solution actuelle	320 (gain 2,5 %)	99,7 %

On constate, sur cet exemple, que dégrader la QDS de 0,3 % permet un gain en personnel de 2,5 %. Ou encore, pour arriver à une QDS de 100 %, il faut payer 8 heures de travail et embaucher un agent supplémentaire pour couvrir la dernière heure de charge. Il est clair qu'un tel arbitrage relève de la décision du responsable du service chargé de dimensionner son personnel de façon adaptée aux besoins de l'entreprise et ne doit pas être fait de façon arbitraire dans un modèle figé d'agrégation des critères.

2.3. Goal programming et modélisation du lissage

2.3.1. Les solutions d'un PL sont naturellement peu lissées

Le problème du **lissage** de l'activité se rencontre très souvent dans la plupart des applications industrielles mettant en jeu des ressources limitées. Un des reproches faits à la programmation linéaire est une conséquence directe des propriétés d'une solution de base optimale. Souvenez-vous, à l'optimum, m variables seulement sont *Hors Base,* et donc différentes de 0 (ou de leur borne supérieure), et toutes les autres sont nulles. Or, un programme linéaire possède en général beaucoup plus de variables que de contraintes (cf. l'exemple du problème de transport). De nombreuses variables sont par conséquent nulles à l'optimum. La solution correspondante est peu satisfaisante si on la juge sur des considérations courantes de lissage de la production, de répartition équilibrée de l'activité entre ateliers, usines, ou entre différentes périodes de temps.

Une façon de traiter ce problème consiste à *imposer des valeurs mini et maxi aux variables* clés que l'on veut lisser. Mais cette façon de procéder perturbera à juste titre l'utilisateur de votre modèle. Il aura l'impression de lui même donner en grande partie sa propre solution et de façon même maladroite, car au lieu de donner une valeur par variable, comme il le ferait à l'aide de son tableur, il devra renseigner les deux bornes xinf et xsup de chaque variable. S'il veut une solution lissée et si vous ne savez pas la produire automatiquement, il y a de fortes chances qu'il refuse votre modèle d'optimisation.

Montrons que le goal programming apporte une solution très satisfaisante et performante au problème du lissage.

2.3.2. Lissage avec répartition des excédents

Reprenons l'exemple de la construction des horaires, sans déficit. Nous avons déjà constaté sur trois solutions (construites manuellement sous tableur, par Excel et par XPRESS-MP) qu'il existait au moins trois solutions optimales différentes, et donc un nombre vraisemblablement beaucoup plus élevé de solutions optimales. Les solutions optimales se trouvent sur une facette, ou un plateau pour reprendre l'image de la montagne. Il est naturel dans ce cas de faire jouer un critère secondaire (*en rang 2 dans une procédure d'agrégation lexicographique des critères*), pour départager des solutions équivalentes selon le premier critère.

Comme critère secondaire, cherchons une **solution robuste** définie de la façon suivante. La charge n'est qu'une prévision d'activité au moment de la construction des horaires. Notre solution est robuste si, face à une légère perturbation de la charge, la solution reste réalisable. Une première façon de construire une solution robuste, méthode largement utilisée en pratique, consiste à surdimensionner les effectifs. Mais on va augmenter le coût de la solution. Avant de s'engager dans cette voie, ne peut-on pas mieux répartir les excédents ? Dans les solutions précédentes, les excédents étaient nuls durant 8 périodes sur les 24. Ne peut-on pas avoir d'avantage de périodes avec un excédent strictement positif, renforçant de cette manière la robustesse ?

La réponse est oui. On modélise le problème en introduisant un niveau d'excédent $\mathbf{e_0}$ inconnu (variable du PL) et des variables de goal autour de cet excédent. Notre modèle HORAIRE3, est le suivant :

Variables

$\mathbf{x_j}$	nombre d'agents affectés à l'horaire j
$\mathbf{e_t}$	excédent de charge durant la période t
$\mathbf{e_0}$	niveau d'excédent *moyen*, objectif inconnu à déterminer
$\mathbf{e^+_t}$	excédent de charge par rapport au niveau $\mathbf{e_0}$
$\mathbf{e^-_t}$	déficit de charge par rapport au niveau $\mathbf{e_0}$

Contraintes

a) Couverture de la charge et définition des excédents :

$$\sum_j a_{jt}\mathbf{x}_j - \mathbf{e}_t = b_t \quad \forall \mathbf{t}$$

b) Définition des variables de goal autour de l'objectif inconnu :

$$\mathbf{e}_t - \mathbf{e}_0 = \mathbf{e}_t^+ - \mathbf{e}_t^- \quad \forall \mathbf{t}$$

Fonction objectif

Agrégation lexicographique (cf. § 1. ci-dessus) des deux critères (1 : minimiser le nombre d'heures travaillées, 2 : lisser les excédents). La pénalité de 0,01, est largement suffisante pour assurer le caractère non compensatoire dans l'agrégation des deux critères coût et lissage.

$$\textbf{Min} \sum_j c_j\mathbf{x}_j + \sum_t (0{,}01\mathbf{e}_t^+ + 0{,}01\ \mathbf{e}_t^-)$$

Ce modèle conduit à un PL de 48 contraintes et 90 variables. Son exécution en moins de 1 seconde sous XPRESS-MP donne la solution suivante :

- coût = 328 (41 agents), comme les solutions optimales précédentes,
- valeur cible $\mathbf{e_0} = 2$,
- seulement trois excédents nuls ($\mathbf{e_1}$, $\mathbf{e_9}$, $\mathbf{e_{19}}$), au lieu de 8 précédemment.

On a donc augmenté la robustesse de façon très significative, en introduisant de la marge durant 21 heures sur 24 heures au lieu de 16 heures sur 24 auparavant. Cette nouvelle solution, tout en étant économiquement équivalente et optimale, sera moins risquée à mettre en œuvre, car plus robuste en cas de perturbation.

Remarquons enfin que si l'on veut absolument une robustesse nous permettant d'avoir un excédent de 1 agent à chaque pas de temps, on peut soit transformer la courbe de charge en augmentant de 1 agent le niveau des effectifs à chaque pas de temps, soit imposer à la variable $\mathbf{e_t}$ une borne inférieure de 1.

FIGURE 11
Couverture de la charge avec une solution lissée et donc robuste

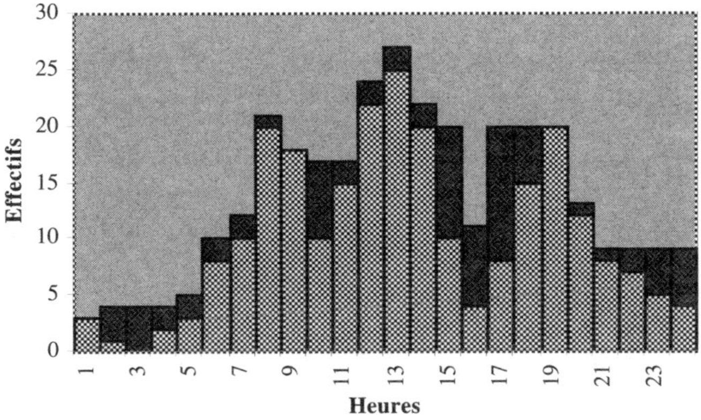

Cette stratégie coûte très cher, car il faut dans ce cas 3 agents supplémentaires, pour créer un excédent de 1 agent aux trois périodes horaires 1, 9 et 19 (vous pouvez le vérifier à titre d'exercice).

3. Solutions efficaces et recherche interactive

Dans cette section, on utilisera le terme d'action pour représenter une solution candidate à une prise de décision. Dans le domaine de la programmation linéaire multicritère, une action est bien évidemment un programme, c.a.d. un ensemble de variables de décision. Ce terme, ainsi que les autres qui suivent sont très classiques dans les travaux sur l'aide multicritère à la décision (cf. Roy et Bouyssou [26], Vincke [28], Jacquet-Lagrèze et Siskos [15])

3.1. Dominance et efficacité

3.1.1. Dominance

On dit que l'action a domine l'action b si a est meilleure (au sens supérieure ou égale) que b sur tous les critères. Cette définition correspond à la notion de dominance large. S'il y a supériorité stricte sur au moins l'un des critères, la dominance est stricte.

La **dominance**, ainsi définie, est une relation binaire permettant une comparaison partielle d'actions ou solutions candidates. C'est une condition de rationalité extrêmement forte et très communément acceptée. Toutes les méthodes d'agrégation des critères la respectent. En théorie des votes, par exemple, la dominance représente l'application de la règle de l'unanimité, la moins discutable de l'ensemble des règles proposées par Arrow dans son «théorème d'impossibilité».

Le non respect de la dominance dans une méthode d'aide à la décision perturbe profondément un utilisateur de la méthode ou du logiciel d'aide à la décision la mettant en œuvre. Ce dernier admet volontiers qu'une méthode heuristique, c.a.d. une méthode approchée, ne donne pas une solution optimale lorsqu'il utilise un seul critère d'évaluation. Il sera en effet le premier à dire, souvent à juste titre, *compte tenu de l'imprécision des données, je ne cherche pas l'optimum à 1 % près*. En revanche nous avons remarqué qu'il acceptait très mal ce même comportement de sous-optimalité d'un algorithme dans un contexte à critères multiples, et il vous dira volontiers: *Il y a un bug dans votre programme, ce n'est pas logique, je suis moins exigeant sur ce critère de qualité de service, et j'obtiens une solution encore plus coûteuse!*

3.1.2. Efficacité

On dit qu'une action ou une solution est **efficace** s'il n'en existe aucune autre qui la domine. Une action efficace est aussi appelée **pareto-optimale**. Ce concept est important car la recherche d'une solution intéressante, c.a.d. un bon compromis entre les critères, se fera parmi les solutions efficaces. Notons qu'il existe plusieurs méthodes de construction de solutions efficaces.

Utiliser une somme pondérée des critères en faisant varier la pondération des critères avec des jeux de poids positifs, est une méthode donnant des solutions efficaces en PL grâce aux propriétés de convexité du domaine des solutions. Cependant ce n'est pas la meilleure, car elle ne donnera que des sommets du polyèdre initial, et ne permettra pas de proposer des solutions se situant au milieu de facettes et pouvant être de meilleurs compromis.

On lui préférera des méthodes simples consistant à optimiser un critère, en faisant varier des niveaux d'aspiration sur les autres critères. Cette méthode revient à choisir l'un des critères comme fonction objectif et à considérer les autres critères comme des contraintes dont on fera varier le second membre (le niveau d'aspiration). Illustrons cette méthode sur le problème de la construction des horaires.

3.2. *Recherche de solutions «efficaces» dans la construction des horaires*

Reprenons le problème de construction des horaires avec un déficit possible et les deux critères coût et QDS introduits au § 2.2.3, page 69.

Nous avions constaté qu'il faut 41 agents pour couvrir la charge, avec une QDS = 100 %. Cette solution est **efficace** puisque si on veut diminuer le nombre d'agents (le coût), la QDS va nécessairement baisser.

FIGURE 12

Frontière efficace critères coût (nb. agents) et QDS (%)

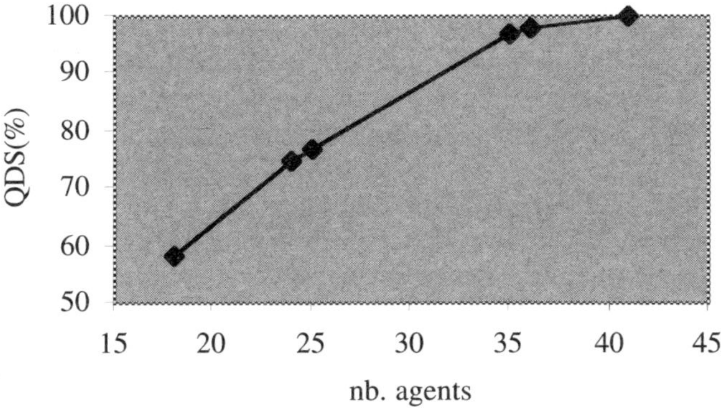

En utilisant la méthode consistant à mettre en contrainte le critère de coût (nombre d'agents), nous allons générer sur cet exemple simple à deux critères toutes les solutions efficaces. Il suffit de minimiser les déficits sous contrainte d'effectif donné (valeur variant de 41 à 0). Cette analyse peut être effectuée en ayant recours à une analyse paramétrique du second membre (c.f. chapitre IV, § 3, page 60)..

TABLEAU 20

Les 6 solutions délimitant l'ensemble des solutions efficaces

Solution	1	2	3	4	5	6
Nb. Agents	18	24	25	35	36	41
QDS (%)	58	75	77	97	98	100

4. La programmation linéaire multicritère

D'autres concepts et méthodes permettent de guider une recherche d'une solution efficace intéressante en terme de compromis entre critères conflictuels. Introduisons tout d'abord la forme générale d'un programme linéaire multicritère.

4.1. Forme algébrique d'un programme linéaire multicritère

$$\textbf{Max} \quad \mathbf{F_k} = \sum_j c_{jk}\mathbf{x_j} \qquad \text{pour tout critère k=1,K}$$

$$\sum_j a_{ij}\mathbf{x_j} \geq b_i \quad \text{pour tout i}$$

$$\mathbf{x_j} \geq 0 \quad \text{pour tout j}$$

Remarquons que la seule différence par rapport à la forme algébrique d'un programme linéaire monocritère, est l'introduction d'un ensemble de K critères, fonctions linéaires. Au lieu d'un vecteur de coûts, on a un tableau (matrice) de coûts.

Il est impossible de maximiser simultanément tous les critères, à moins d'être dans la situation très particulière d'une solution efficace unique, c.a.d. d'une solution dominant toute autre solution. En pratique, cette situation ne se rencontre jamais. L'écriture générale ci-dessus représente donc un problème mathématique «mal posé», pour lequel il convient de préciser comment on peut trouver une solution de compromis.

4.2. Le tableau des gains et point idéal

Le **tableau des gains** est la représentation de K solutions efficaces particulières, obtenues en optimisant séparément les K critères (cf. Benayoun et al. [2], Vincke [28]). Ces K solutions sont extrêmes, et représentent des situations de référence utiles dans la recherche de solutions efficaces.

TABLEAU 21
Tableau des gains

Critères →	F_1	F_2	…	F_K
Solution 1	F_{11}	F_{12}	…	F_{1K}
Solution 2	F_{21}	F_{22}	…	F_{2K}
…	…	…	…	…
Solution K	F_{K1}	F_{K2}	…	F_{KK}

Les termes de la diagonale représentent les meilleures valeurs obtenues sur chaque critère. Chaque valeur est égale au maximum de la colonne (minimum si on cherche à minimiser le critère).

On appelle **solution idéale** ou **point idéal**, la solution dont les valeurs sur chaque critère est optimale.

TABLEAU 22
Solution idéale (maximisant chaque critère)

Solution Idéale	F_{11}	F_{22}	...	F_{KK}

La solution idéale représente une référence également intéressante, car on sait que chacune de ses composantes peut être obtenue séparément, mais pas simultanément, excepté le cas improbable dans les situations réelles où elle correspondrait à un programme réalisable.

4.3. Recherche de solutions à distance minimale de la solution idéale

Assez naturellement, de nombreux chercheurs ont proposé une solution à distance minimale de la solution idéale, comme une solution de compromis pouvant être intéressante.

Si on choisit comme critère de distance le critère MinMax, cette recherche peut se faire en résolvant un programme linéaire.

Le critère **MinMax** consiste à minimiser le plus grand des écarts constatés entre l'optimum sur le critère et la valeur courante sur ce critère. Pour que cette opération ait un sens, il faut que les critères soient exprimés dans la même unité, ou qu'ils aient été préalablement normés. Une pratique courante consiste à utiliser le tableau des gains et les valeurs minimales rencontrées sur chaque critère (le minimum de chaque colonne). La solution (non nécessairement réalisable) donnant cette valeur minimale est appelée **point nadir**.

Appelons m_k la valeur minimale du critère dans le tableau des gains. Pour obtenir une solution à distance minimale, on résout le programme linéaire suivant:

$$\text{Min}\lambda$$

$$\mathbf{F_{kk}} - \mathbf{F_k} \leq \lambda(\mathbf{F_{kk}} - \mathbf{m_k}) \qquad \forall \mathbf{k}$$

$$\mathbf{F_k} = \sum_j c_{jk}\mathbf{x_j} \qquad \forall \mathbf{k}$$

$$\mathbf{x_j} \geq 0 \quad \text{pour tout j}$$

Remarquez que l'on a introduit une variable $\mathbf{F_k}$ par critère. Cette variable représente la valeur obtenue sur le critère.

Compte tenu de la normalisation introduite, la valeur de λ sera nécessairement comprise entre 0 et 1. Chaque écart sera inférieur à λ. On minimise donc bien le plus grand des écarts en valeur relative.

CHAPITRE VI

Programmation linéaire en nombres entiers (PLNE)

La résolution de problèmes d'optimisation sous contraintes met en jeu le plus souvent des variables dont les valeurs sont naturellement entières. Dans l'exemple de la construction d'horaires, chaque variable représente un nombre de personnes, et doit par conséquent rester entière. Dans des problèmes de gestion de production de grandes séries, une variable représentera un nombre d'unités produites. Dans ce type de situations, on se contentera d'une valeur réelle que l'on arrondira ensuite sans trop pénaliser l'interprétation des résultats. Arrondir la solution permet certes de trouver aisément une solution entière, mais cette solution a de fortes chances de n'être ni réalisable, ni optimale. Compte tenu de la précision des données d'entrée, une solution arrondie est acceptable lorsque les valeurs sont grandes. En revanche, lorsque les valeurs sont petites (quelques unités), passer à une valeur arrondie aura un effet de levier important sur le niveau d'activité d'une contrainte. Cette dernière ne sera plus respectée de façon significative et la solution correspondante ne sera pas jugée réalisable.

Parmi les variables entières, les **variables binaires** (variables ne prenant que les valeurs 0 ou 1) jouent un rôle essentiel. Elles permettent de représenter des situations de choix binaires : affectation d'un vol à un avion, d'un agent à un poste, d'une tournée à un camion …

Après avoir introduit la notion de variables entières, on donne les principes de recherche de solutions mis en œuvre dans les solveurs.

1. Des variables entières pour modéliser des situations de sélection

1.1. Modélisation du problème de transport avec choix des dépôts

Reprenons le problème de transport, mais supposons maintenant que l'on souhaite remettre en cause la structure de distribution en modifiant l'implantation des dépôts. Le modèle cidessous va permettre de fournir automatiquement une proposition de fermeture ou d'ouverture de dépôts parmi un ensemble de dépôts candidats. Supposons que le schéma de distribution corresponde à des volumes annuels. Introduisons le coût de possession du dépôt. C'est un coût annuel indépendant de la quantité transitant par le dépôt et comprenant le coût de la location et les coûts fixes de gestion liés au personnel, aux taxes, à l'assurance …

Indices

j	indice du $j^{\text{ème}}$ client
i	indice du $i^{\text{ème}}$ dépôt

Données

cap_i	capacité du $i^{\text{ème}}$ dépôt
d_j	demande du $j^{\text{ème}}$ client
c_{ij}	coût de transport d'une unité de marchandise du dépôt i vers le client j
K_i	coût de possession du $i^{\text{ème}}$ dépôt

Variables

$\mathbf{x_{ij}}$	quantité inconnue prise au dépôt i pour satisfaire la demande du client j
$\mathbf{y_i}$	variable binaire = 1 si le dépôt i est utilisé, à 0 sinon.

On veut minimiser le coût total annuel de distribution :

$$\mathbf{Min} \sum_{\mathbf{i,j}} c_{ij}\mathbf{x_{ij}} + \sum_{\mathbf{i}} \mathbf{K_i y_i}$$

Contraintes

a) Contraintes de satisfaction de la demande :

$$\sum_{\mathbf{i}} \mathbf{x_{ij}} = d_j \quad \text{pour tout client j}$$

b) Contraintes de capacité des dépôts

$$\sum_{\mathbf{j}} \mathbf{x_{ij}} \leq cap_i\, \mathbf{y_i} \quad \text{pour tout dépôt i}$$

Examinons cette dernière contrainte. Si $\mathbf{y_i} = 1$, on retrouve la contrainte de capacité du dépôt. Si $\mathbf{y_i} = 0$, aucun client ne peut être servi depuis le dépôt Di car la contrainte implique que tous les $\mathbf{x_{ij}}$ soient nuls.

1.2. Résolution du problème à l'aide d'XPRESS-MP

Si on résout ce programme linéaire avec les données de l'exemple traité aux chapitres précédents, on obtient nécessairement la même solution que précédemment, avec sélection des trois dépôts. En effet la demande totale est de 1 000 et la capacité des deux plus grands dépôts est de 900 (500+400), les trois dépôts sont donc nécessaires pour couvrir la demande. Compte tenu des coûts de possession de ces trois premiers dépôts, le coût total de cette première solution est:

- coût de distribution: 6600 (solution optimale précédente)
- coût de possession: 3400 (somme des coûts des 3 dépôts)
- coût total: 10000

Introduisons les données relatives à ces trois dépôts plus deux autres dépôts candidats appelés D4 et D5.

TABLEAU 23

Problème de transport à 5 dépôts

DEPOTS	C1	C2	C3	C4	Capacités	Coût Possession
D1	10	8	5	9	500	1000
D2	7	5	5	3	300	1500
D3	11	10	8	7	400	900
D4	6	4	7	4	500	1200
D5	8	10	12	9	200	600
Demandes	200	400	300	100		

La mise en oeuvre du modèle et de ces données est la suivante à l'aide de XPRESS-MP:

```
MODEL TRANSDEP
! modèle TRANSPORT-DEPOT
LET        nj = 4        ! nombre de clients
           ni = 5        ! nombre de dépôts
VARIABLES
x(ni, nj)                ! quantité livré au client j depuis le dépôt i
y(ni)                    ! variable binaire = 1 si dépôt i est sélectionné
TABLES
    d(nj)                ! demande des clients j
    cap(ni)              ! capacité des dépôts i
    cout(ni, nj)         ! coût de distribution de i vers j
    CP(ni)               ! coût de possession du dépôt i
DATA
d = 200, 400, 300, 100
cap = 500, 300, 400, 200, 500
cout(1,1) = 10, 8, 5, 9
cout(2,1) = 7, 5, 5, 3
cout(3,1) = 11, 10, 8, 7
cout(4,1) = 6, 4, 7, 4
cout(5,1) = 8, 10, 12, 9
CP = 1000,1500,900,1200,600
CONSTRAINTS
! critère optimisé: coût total de distribution + coût de possession
Objec: SUM(i = 1: ni, j = 1: nj) cout(i, j)*x(i, j) + SUM(i = 1: ni) CP(i)*y(i)$
! Contraintes de satisfaction de la demande
CLIENTS(j = 1: nj): SUM(i = 1: ni) x(i, j) = d(j)
! Contraintes de capacités disponibles
DEPOTS(i = 1: ni): SUM(j = 1: nj) x(i, j) < cap(i)* y(i)
```

! remarquez que l'on peut laisser des variables à droite du signe de la
! contrainte, le modèle reste plus facile à lire.
BOUNDS
y(i = 1: ni). BV.
! BV signifie "Binary Variable", c'est à dire variable binaire
! Voilà comment on introduit dans XPRESS-MP les variables 0 / 1
GENERATE

La solution optimale donnée par XPRESS-MP conduit à un coût total de 9100, soit un gain de 900 par rapport à la solution initiale.

"TRANSDEP", 10, 25, 1,"O", 1, 1, 0, 9100.000000,.000000,"Objec
","RHS00001", 1, 0
"x 0501", 200.000000
"x 0102", 200.000000
"x 0202", 200.000000
"x 0103", 300.000000
"x 0204", 100.000000
"y 01", 1.000000
"y 02", 1.000000
"y 05", 1.000000

Reportons cette solution dans le tableau suivant, en ne faisant apparaître que les dépôts sélectionnés:

TABLEAU 24

Solution optimale du problème de transport avec choix de dépôts

DEPOTS	C1	C2	C3	C4	Capacités
D1		200	300		500
D2		200		100	300
D5	200				200
Demandes	200	400	300	100	6000

Un examen plus détaillé de la solution permet de constater que le gain de 900 provient pour 600 de gains en distribution et pour 300 de gains de possession des dépôts.

2. Méthode arborescente de recherche de solutions entières («branch and bound»)

La difficulté de résolution des programmes linéaires en nombre entiers dépend surtout de leur structure, bien plus que de leur taille. On verra au chapitre suivant que pour des problèmes de flots et des problèmes aux structures dérivées (transport, affectation), la méthode du simplexe donnera des solutions entières. Pour les autres problèmes, une méthode très générale de résolution est une méthode arborescente. Cette méthode est présente dans la plupart des solveurs de programmation linéaire.

2.1. *Principe de la méthode «branch and bound»*

La méthode de résolution des programmes linéaires en nombres entiers, ou mixtes est une méthode arborescente («branch and bound»). Elle repose sur les principes suivants.

2.1.1. *résolution du problème relâché*

On résout le problème en variables continues (problème relâché). Cela signifie que l'on ne tient pas compte des contraintes d'intégrité des variables et on exécute l'algorithme du simplexe. À l'issue de cette phase, quatre situations peuvent se produire:

- **a) Le problème relâché n'est pas réalisable**. Dans ce cas le problème en nombre entiers, qui est plus contraint que le problème relâché, n'a pas de solution réalisable.
- **b) Le problème relâché n'est pas borné**, et la fonction économique prend une valeur infinie. Il en est de même pour le problème en nombre entier. Ce cas peu intéressant reflète une erreur évidente dans le modèle ou dans les données.
- **c) Le problème relâché a une solution optimale telle que toutes les variables devant être entières sont effectivement entières.** La solution du problème relâché étant entière, c'est également une solution optimale du problème en nombres entiers. Cette situation est assez fréquente puisqu'elle correspond déjà aux problèmes d'optimisation sur des graphes (transport, flots,..) évoqués ci-dessus.
- **d) La solution optimale du problème relâché possède des variables supposées entières à valeur fractionnaire**. Dans ce cas la valeur de la fonction objectif obtenue dans le problème relâché est une borne inférieure (en cas de minimisation) de la valeur de l'optimum en entier.

2.1.2. *construction d'un arbre de recherche de solutions entières*

Pour trouver une solution entière on construit un arbre en suivant une procédure dite de séparation et évaluation progressive (méthode PSEP, cf. Roy [25]).

- ***1) Séparation***

Chaque variable non entière constitue un nœud possible de séparation donnant naissance à deux sous-problèmes. Si par exemple une variable binaire (0 / 1) prend la valeur 0,8 à l'optimum, on considère deux branches de l'arbre avec les deux hypothèses suivantes:

- ou bien x = 0
- ou bien x = 1

Chaque hypothèse conduit à résoudre deux sous problèmes différents. À partir du problème père PL0, on résout deux problèmes fils PL1 et PL2 dans lesquels la variable x est rendue entière.

FIGURE 13
Principe de construction de l'arbre

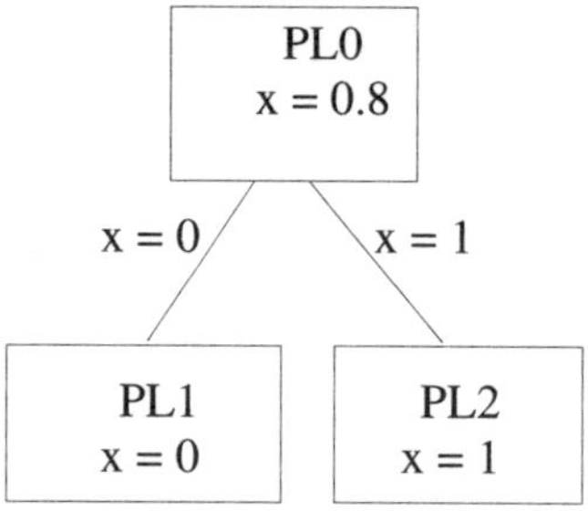

Dans chaque cas, on propage cette contrainte supplémentaire en effectuant des itérations simplexes en post-optimisation. En général, pour éviter de rendre le programme linéaire courant non réalisable, on utilise l'algorithme **dual-simplexe**, c.a.d., que l'on raisonne en pratique sur le dual, et la contrainte x = 0, ou x = 1 revient à changer un coût du problème dual, qui reste ainsi dual faisable. Seules quelques itérations simplexes suffiront à propager la contrainte x = 0 pour le programme PL1 et x = 1 pour le programme PL2.

- ***2) Evaluation***

A chaque nouveau nœud, on a ainsi résolu le problème relâché correspondant (avec x néanmoins fixé à sa valeur entière correspondante), et l'on se trouve dans les des trois cas a), c) ou d) décrits ci-dessus.

- ***si cas a)***. Le problème est non réalisable, et on peut couper l'arbre à ce niveau. En effet, contraindre encore d'autres variables non encore entières ne ferait qu'empirer la situation.
- ***si cas c)***, la solution est entière et sa valeur est une borne supérieure de l'optimum en nombre entier (en cas de minimisation)
- ***si cas d)***, on a un sommet pendant susceptible de donner naissance à 2 fils, dès lors qu'on aura choisit une nouvelle variable non entière. Il faut remarquer que ce sommet pos-

sède une évaluation, celle du problème relâché correspondant. Si cette évaluation est plus mauvaise que la valeur d'une solution entière déjà trouvée, alors on peut couper l'arbre à ce sommet, car tout nouveau branchement qui serait introduit en descendant depuis ce nœud pour rendre des variables entières ne ferait que dégrader la valeur de la fonction.

Nous venons de donner les principes fondamentaux. De nombreux problèmes techniques annexes ne sont pas développés ici :
- choix d'un nœud parmi les nœuds pendants,
- au niveau d'un nœud, choix d'une variable parmi les variables non entières devant devenir entière et donnant naissance à deux nœuds fils.

Des choix sont effectués avec des stratégies par défaut dans les solveurs. Néanmoins, il est possible de les changer en agissant sur un certain nombre de paramètres. On peut par exemple orienter la recherche en profondeur, de façon à trouver rapidement une première solution entière, même de mauvaise qualité. À l'inverse, exécuter une recherche en largeur permet de garder à chaque nœud une valeur espérée de la fonction la meilleure possible.

2.2. Commentaire sur la résolution du problème de transport

Examinons le listing retraçant la résolution du problème de choix de dépôts.

```
XPRESS-MP Extended Integer Barrier Optimiser Release 8.20
(c) Copyright Dash Associates 1984-1994
(c) Parts Copyright EKA Consulting 1994
>
Reading Problem TRANSDEP
Problem Statistics
10 rows
25 structural columns
70 non-zero elements
61 unique elements ( 43 before scaling)
Global Statistics
5 entities 0 sets 0 set members
There are 262819 paragraphs available for eta files
>Crash basis containing 2 structural columns created
Its S Ninf Obj Value In Out Nneg Dj Neta Nelem Time
            0 p 4 503.515625 0 0 0.000000 0 12 0
            12 p 0 8740.000000 0 8 0.000000 5 42 0
Optimal solution found
```

À cette étape, XPRESS-MP a résolu le problème relâché, avec une valeur de 8740. Cette valeur constitue une borne inférieure, il est clair que toute solution entière ne pourra pas être meilleure, puisqu'elle sera davantage contrainte.

FIGURE 14
Arbre de recherche de la solution optimale

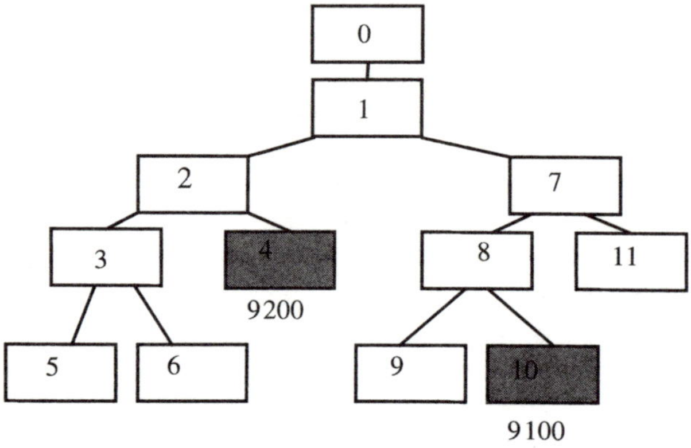

La suite du listing donne des informations obtenues à chaque nœud de l'arborescence. On constate que la première solution entière est obtenue en développant l'arbre 0, 1, 2, 4, avec une valeur de 9200.

Branch Parent Solution Estimate Infeas Active Entity Value / Bound
1 0 8740.000000 9480.007385 2 1 2.333333U
2 1 8865.000000 9330.006531 2 2 5.400000U
3 2 9675.000000 9900.002502 1 3 3.750000L
**** Solution found *** Time: 0*
4 2 9200.000000 9200.000000 0 3
5 3 relaxation exceeds cutoff
6 3 9675.000000 relaxation exceeds cutoff
7 1 8740.000000 9380.007996 2 1 1.600000L
8 7 8740.000000 8980.004013 1 2 5.400000U
9 8 relaxation exceeds cutoff
**** Solution found *** Time: 0*
10 8 9100.000000 9100.000000 0 2
11 7 relaxation exceeds cutoff
**** Search completed *** Time: 0*

Notre problème possède 5 variables entières 0 / 1. Cela conduit à un nombre théorique de $2^5 = 32$ sous-ensembles possibles de solutions, donc à 2^5 sommets possibles dans l'arborescence. Seuls 11 sommets ont été effectivement explorés parmi les 32. Et pourtant la solution trouvée au nœud 10 de valeur 9100 est prouvée optimale. Cela est dû au principe d'évaluation et de coupe de l'arbre de recherche. En effet, les nœuds (*branch* 5, 6, 9 et 11) ne donnent pas lieu à une exploration de branches supplémentaires. L'arbre est coupé à ce niveau car la relaxation du problème correspondant à ce nœud conduit à une valeur de fonction objectif plus mauvaise que la solution entière courante (*relaxation exceeds cutoff*). En effet on sait que fixer à des valeurs entières des variables non encore entières ne fera que contraindre davantage le problème courant et détériorera en conséquence la fonction objectif. Il est donc inutile de descendre plus loin dans l'arbre et on peut le couper sans risque de perdre de meilleures solutions. Il s'agit là de la propriété «bound» (borne sur la fonction économique) tout à fait fondamentale des méthodes *branch and bound.*

2.3. Le branch and bound comme méthode approchée

Dans l'exemple précédent, nous avons laissé la méthode arborescente se dérouler jusqu'à preuve de l'optimalité. Pour des problèmes plus difficiles à résoudre, les principes évoqués ci-dessus permettent d'envisager cette méthode comme méthode approchée, dès lors qu'on ne poursuit pas la recherche jusqu'au bout.

En pratique, une première limitation porte sur un nombre maximum de solutions entières à trouver. Dans l'exemple précédent, si l'utilisateur du modèle avait demandé de s'arrêter à la première solution entière trouvée, il aurait obtenu la valeur 9200 en 4 nœuds au lieu de 11. Sur un exemple aussi simple, la différence n'est guère significative, mais sur des problèmes réels de grande taille et difficiles à résoudre, cela peut être la différence entre une solution informatique acceptable (une heure de calcul) et une solution inacceptable (plusieurs jours de calcul). On constate parfois que la solution optimale est rapidement trouvée, mais qu'il faut explorer un grand nombre de nœuds pour prouver l'optimalité de cette solution.

D'autres procédés presque équivalents consistent à limiter le nombre de nœuds ou encore le temps d'exécution.

Un paramètre très efficace dans la recherche d'une solution de bonne qualité est la précision a priori donnée par l'utilisateur. Si dans l'exemple précédent un gain de 50 n'est pas jugé significatif, en raison par exemple de l'imprécision des données, on peut exploiter cette information avec avantage en donnant cette valeur au solveur. Dans sa recherche, après avoir trouvé la première valeur entière de valeur 9200, le solveur adoptera comme nouvelle borne de coupe des branches la valeur 9150 au lieu de la valeur 9200. Toute branche de valeur supérieure à 9150 sera coupée. S'il avait donné une valeur de précision supérieure à

100 (150 par exemple), le solveur donnera la première solution de valeur 9200 comme la meilleure à 150 près.

CHAPITRE VII

La PLNE pour résoudre des problèmes complexes

La programmation linéaire en nombres entiers et mixte (PLNE) s'avère être un outil très puissant pour modéliser et résoudre des problèmes d'optimisation combinatoires complexes. Suivant la structure des problèmes, leur résolution sera soit très facile et on pourra résoudre des problèmes de très grande taille, soit plus difficile et on devra se contenter d'une solution entière non optimale, comme on l'a vu au chapitre précédent.

L'objet de ce chapitre est de montrer quelques modèles classiques et comment on peut les utiliser pour résoudre des problèmes réels de grande taille.

1. Programmes linéaires naturellement entiers: flots sur des graphes

L'optimisation de flots sur des graphes constitue une classe très générale de programmes linéaires dont la solution du problème relâché est naturellement entière.

Vous aurez sans doute remarqué que la solution du problème de transport était entière et même que les valeurs étaient des multiples de 100. Cela était parfaitement prévisible d'après la théorie. En effet, la structure d'un programme de transport correspond à une matrice **unimodulair**e, c.a.d. une matrice dont tout sous-déterminant est égal à 0, 1 ou -1. En conséquence, si le second membre est composé uniquement de valeurs entières, toute solution intermédiaire construite par l'algorithme du simplexe est entière, et par conséquent la solution optimale donnée par le simplexe l'est également.

En effet la formule $\mathbf{x_B} = B^{-1}$ b du chapitre III permettant de calculer les valeurs des variables de base, garantit que cette valeur sera entière si b est à valeurs entières, puisque le déterminant de B^{-1} sera égal à 1 ou -1, il n'y aura que des multiplications de valeurs entières, dont le résultat sera entier.

Un cas particulier des problèmes de transport correspond au **problème d'affectation**. Dans ce cas particulier, la matrice de «transport» est carrée, les demandes sont égales à 1 et les capacités sont également égales à 1.

Une modélisation reposant sur des **flots** dans des graphes possède également cette intéressante propriété. Toute solution donnée par la méthode du simplexe sera entière dès lors que les contraintes de capacités sur les arcs du graphe (ou de valeur minimum imposée à un arc) seront des nombres entiers.

Un exemple de problème de flot peut aisément être donné à partir du problème de transport. Construisons le graphe bi-parti correspondant à la figure 15 en mettant à gauche les sommets correspondant aux dépôts et à droite les sommets correspondant aux clients. Ajoutons deux sommets supplémentaires appelés source et puits. On ajoute parfois un arc allant du puit vers la source et appelé arc de retour.

FIGURE 15
Graphe de flot associé au problème de transport

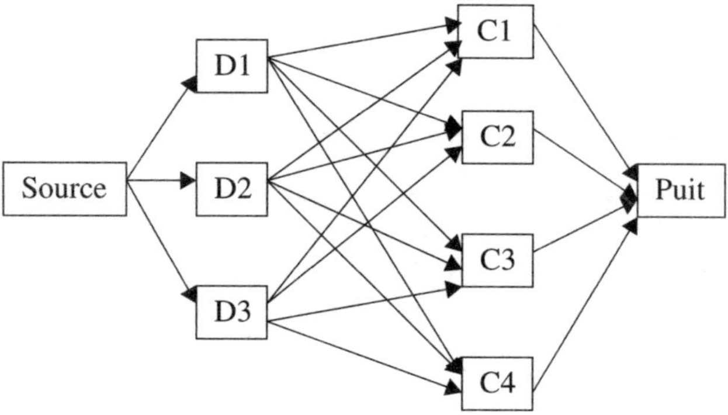

On peut associer à ce graphe un programme linéaire de structure très particulière appelé flot:

À chaque arc du graphe on associe:

- $\mathbf{f_{ij}}$: une valeur inconnue appelée flux.
- des contraintes de borne et capacité encadrant (ou fixant) les flux
- À chaque sommet du graphe on associe:
- une contrainte de conservation des flux (somme des flux entrants = somme des flux sortants)

Le flux associé à l'arc de retour s'appelle *valeur du flot*

Un modèle d'optimisation d'un flot s'écrit de la forme du programme linéaire suivant dans lequel on veut minimiser le coût total de flot:

$$\mathbf{Min} \sum_{i,j} c_{ij} \mathbf{f}_{ij}$$

Contraintes de bornes et de capacités

$$\mathbf{binf_{ij}} \leq \mathbf{f}_{ij} \leq \mathbf{bsup_{ij}} \text{ pour tout arc (i,j) du graphe}$$

Contraintes de conservation des flux :

$$\sum_j \mathbf{f}_{ji} = \sum_j \mathbf{f}_{ij} \text{ pour tout sommet (i) du graphe}$$

On peut utiliser des solveurs de programmation linéaire courants pour résoudre un problème de flot, et ils se comportent très bien, car ce sont des programmes linéaires très faciles à résoudre (entendez se comportent bien sur le plan numérique, et résolus en peu d'itérations et donc très rapidement). Il existe cependant des algorithmes spécialisés, permettant une résolution encore plus efficace des problèmes de très grande taille. En allant du particulier au général, citons :

- méthode hongroise pour le problème d'affectation
- algorithme de transport pour les graphes bi-partis
- méthode Ford et Fulkerson pour le problème général de flot

On retiendra cependant qu'utiliser des solveurs standards du commerce permet de résoudre tous ces problèmes de façon très performante.

Citons par exemple un problème réel de planification du travail consistant à affecter 50 vacations à 50 agents. Le modèle possède 50 x 50 = 2500 variables et 50+50 = 100 contraintes. Un solveur tel que XPRESS-MP donne la solution optimale à un problème de cette nature en *moins de une seconde* sur un micro-ordinateur Pentium 100.

2. Problèmes de recouvrement-partitionnement

Les problèmes linéaires de recouvrement et partitionnement (cf. Gondran et Minoux, [8]) sont très utiles pour résoudre une grande classe de problèmes combinatoires. Leur résolution avec des techniques de génération de colonnes permet d'apporter des réponses performantes à des problèmes combinatoires difficiles tels que des problèmes de tournées avec fenêtre de temps, de construction d'horaires, ou encore de certains problèmes d'ordonnancement.

2.1. Définitions et modélisation

Considérons un ensemble I de tâches (i) élémentaires à effectuer, et un ensemble J de regroupements possibles (j) de ces tâches.

Le problème de recouvrement consiste à sélectionner un ensemble de plusieurs regroupements (j) tel que toutes les tâches (i) soient effectuées(recouvertes) par au moins un (j), et cela en minimisant un coût.

Un problème de partitionnement consiste également à sélectionner un sous-ensemble de J à coût minimum, mais tel que chaque tâche soit effectuée une fois et une seule par un élément (j).

Donnons quelques exemples de problèmes se modélisant sous cette forme:

- ***problème de tournées de véhicules***
  I = { clients à visiter }
  J = { tournées de véhicules respectant des contraintes de charge, de kilométrage, de durée de travail d'un chauffeur }
- ***problème de construction d'horaires de chauffeurs de bus (habillage)*** (cf. Heurgon, [9])
  I = { tronçons de trajet de bus } (des allers et retours sur une ligne)
  J = { services agents conducteurs } un service = un horaire respectant la législation du travail, caractérisé par un coût et des particularités telles que service direct, service en deux parties c.a.d avec coupure non payée.
- ***problème de construction de rotations d'avions***
  I = { vols à effectuer sur une journée type }
  J = { des rotations des avions effectuant plusieurs vols consécutifs }
- ***problème de construction de rotations d'équipages***
  (cf. Lavoie et al., [19])
  I = { vols à effectuer sur une journée type }
  J = { des rotations des équipages effectuant plusieurs vols consécutifs }

Un problème de recouvrement-partionnement est modélisé par le programme linéaire suivant:

Indices

- j indice du $j^{ème}$ regroupement de tâches ($j^{ème}$ élément de J)
- i indice de la $i^{ème}$ tâche ($i^{ème}$ élément de I à couvrir)

Données

- c_j coût du $j^{ème}$ regroupement
- a_{ij}= 1 si le $j^{ème}$ regroupement comprend la tâche i, 0 sinon

Variables

- $\mathbf{x_j}$ variable booléenne égale à 1 si (j) est sélectionné, 0 sinon

Fonction objectif

$$\text{Min} \sum_j c_j x_j$$

Contraintes:

- pour un problème de recouvrement:

$$\sum_j \mathbf{x}_j \geq 1 \quad \text{pour toute tâche i}$$

- pour un problème de partitionnement:

$$\sum_j \mathbf{x}_j = 1 \quad \text{pour toute tâche i}$$

2.2. Construction d'horaires avec affectation de tâches

Considérons l'exemple très simple suivant, présenté sous Excel:

Les colonnes A à D de la feuille de calcul ci-dessous contiennent 10 tâches avec heure de début, heure de fin et durée.

Les colonnes F à U contiennent les 16 horaires possibles que l'on peut construire en respectant les contraintes suivantes:

- durée maximale de l'horaire: 9 heures
- durée minimale de l'horaire: 4 heures

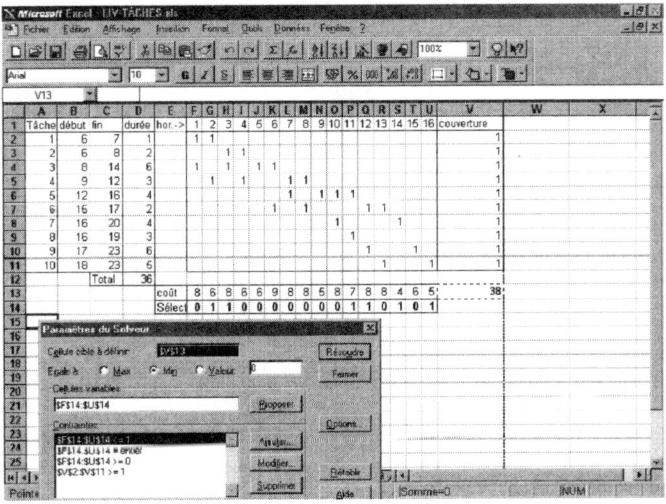

	A	B	C	D	E	F	G	H	I	J	K	L	M	N	O	P	Q	R	S	T	U	V
1	Tâche	début	fin	durée	hor.->	1	2	3	4	5	6	7	8	9	10	11	12	13	14	15	16	couverture
2	1	6	7	1		1	1															1
3	2	6	8	2				1	1													1
4	3	8	14	6		1		1		1	1											1
5	4	9	12	3			1		1			1	1									1
6	5	12	16	4								1		1	1	1						1
7	6	16	17	2							1		1				1	1				1
8	7	16	20	4											1				1			1
9	8	16	19	3												1						1
10	9	17	23	6													1			1		1
11	10	18	23	5														1			1	1
12			Total	36																		
13					coût	8	6	8	6	6	9	8	8	5	8	7	8	8	4	6	5	38
14					Sélect	0	1	1	0	0	0	0	0	0	0	1	1	0	1	0	1	

La ligne F14: U14 correspond aux 16 variables (0 / 1) de sélection, déclarées comme variables comprises entre 0 et 1 et comme variables entières dans le masque de saisie des contraintes.

La zone F2: U11 correspond à la matrice du problème de recouvrement. La modélisation avec le solveur d'Excel a consisté à définir la cellule $V$13 comme cellule cible et comme produit de la ligne coût et la ligne sélection.

La contrainte de couverture est modélisée comme un problème de recouvrement. On constate cependant qu'à l'optimum, on obtient une partition, puisqu'aucune tâche n'est affectée plus d'une fois à un agent, ce qui correspond plus à la nature du problème que l'on veut traiter.

La solution optimale est d'excellente qualité, elle conduit à 6 agents effectuant 38 heures. Seulement 2 heures sont improductives: (1 heure dans l'horaire n° 1 entre les tâches 1 et 3, et une heure dans l'horaire n° 2 entre les tâches 2 et 4).

2.3. Aperçu sur les techniques de génération de colonnes

Le modèle de recouvrement / partitionnement est très efficace pour résoudre des problèmes réels de grande taille. Cependant vous aurez constaté que l'on repousse la difficulté combinatoire du problème initial au niveau de la génération des variables candidates dont le nombre devient rapidement astronomique. Dans un problème réel d'optimisation de la construction des horaires de chauffeurs de bus (l'habillage), par exemple, même si l'on se contente d'habiller les lignes séparément, le nombre de contraintes (tronçons à couvrir) sera de l'ordre de 200 par ligne, mais le nombre de services (horaires) réalisables et a priori intéressants sera de l'ordre de 200.000 à 1.000.000. On sait résoudre des problèmes de cette taille, et dans des temps de calcul très performants, à condition d'avoir recours à des techniques de *génération de colonnes.*

Cette technique exploite l'algorithme du simplexe de façon externe à un solveur. On parle d'ailleurs parfois de techniques de *programmation linéaire généralisée* (cf. Minoux, [20] Tome II, Chapitre VIII). La méthode repose sur un dialogue itératif entre un programme linéaire de taille modeste (le programme maître) et un module de génération de nouvelles colonnes.

À chaque grande itération, on envoie au programme maître un sous-ensemble limité de colonnes (quelques centaines), et le programme linéaire courant ne comprendra que peu de colonnes (de l'ordre de quelques milliers). À l'optimum de ce programme, les valeurs duales associées aux contraintes seront précieuses pour guider le choix ou la génération de nouvelles colonnes à introduire dans le programme maître.

On a pu ainsi résoudre des problèmes d'habillage de lignes de bus de la RATP, et cela de façon optimale, en une à deux minutes de calcul sur un micro Pentium pour une ligne de bus parisienne standard comprenant de l'ordre de 200 tâches à couvrir et 100000 à 200000 services candidats potentiels.

3. Modélisations pour diminuer la complexité de calcul

On s'appuie dans cette section sur l'exemple d'un problème d'affectation généralisée et on montre quelques techniques permettant de simplifier la résolution de programmes linéaires en nombre entiers plus complexes.

3.1. *Le problème du remisage des bus*

Considérons un problème de remisage de lignes de bus dans des dépôts. Une entreprise de transports urbains possède n bus affectés à 20 lignes et 5 dépôts. Elle souhaite pour des raisons d'exploitation remiser tous les bus affectés à une même ligne dans un seul et même dépôt. On cherche à affecter les lignes aux dépôts de façon à minimiser le *haut-le-pied*, c.a.d. le nombre de kilomètres inutiles parcourus à vide entre le dépôt et le point d'entrée d'un bus sur la ligne.

Le modèle est le suivant:

Indices

- i indice de la $i^{ème}$ ligne de bus
- k indice du $k^{ème}$ dépôt

Données

- cap_k capacité du $k^{ème}$ dépôt exprimé en nombre de bus,
- nb_i nombre de bus affectés à la $i^{ème}$ ligne,
- c_{ik} coût en km *Haut-Le-Pied* de l'affectation d'un bus de la ligne i au dépôt k. Un coût égal à -1 signifie que le remisage est impossible dans le dépôt correspondant pour des raisons d'exploitation (type de matériel).

Variables

- $\mathbf{x_{ik}}$ variable booléenne = 1 si la ligne i est affectée au dépôt k, = 0 sinon (variables 0 / 1).

Fonction objectif

On veut minimiser le *Haut-Le-Pied* total de transport:

$$\text{Min} \sum_{i,k} c_{ik}\, nb_i\, \mathbf{x_{ik}}$$

Contraintes

a) Chaque ligne doit être remisée

$$\sum_{k} \mathbf{x_{ik}} = 1 \quad \text{pour toute ligne i}$$

b) Contraintes de capacité des dépôts

$$\sum_{i} nb_i\, \mathbf{x_{ik}} \le cap_k \quad \text{pour tout dépôt k}$$

Ce programme s'appelle **programme d'affectation généralisée**. En effet, les contraintes de capacité comprennent des coefficients différents de 1, contraintes dites de type sac-à-dos. Elles contiennent des coefficients positifs (entiers ici) qui peuvent rendre la résolution du problème très difficile.

En fait on va compliquer un peu le problème en cherchant non seulement à affecter les lignes aux dépôts, mais aussi en déterminant quel est la meilleure solution en limitant le nombre de dépôts à 5 parmi un ensemble de 7 dépôts candidats.

On ajoute les variables binaires suivantes :

$\mathbf{y_k}$= 1 si le dépôt k est utilisé, $\mathbf{y_k}$= 0 sinon

et les contraintes de capacités deviennent :

$$\sum_{i} nb_i\, \mathbf{x_{ik}} \le cap_k\, \mathbf{y_k} \quad \text{pour tout dépôt k}$$

La modélisation de ce problème sous XPRESS-MP est la suivante :

```
MODEL REMISAGE
! modèle REMISAGE de bus à des dépôts
! modèle d'affectation généralisée, avec contraintes type sac à dos
LETni = 20 ! nombre de lignes de bus
nk = 7 ! nombre de dépôts candidats
VARIABLES
x(ni, nk)! (0 / 1), x(i, k) = 1 si ligne i affectée au dépôt k
y(nk)! (0 / 1), y(k) = 1 si dépôt est conservé.
TABLES
! permet de définir des structures de données
nBus(ni)! nombre de bus de la ligne i
cap(nk)! capacité du dépôt k
cout(ni, nk)! Haut-Le-Pied, km si affectation de i en k
DATA
! nombre de bus affectés à chaque ligne
nBus = 20,15,12,7,8,27,16,25,8,22,11,12,14,7,23,21,22,29,19,25
! capacité des dépôts
cap = 120, 100, 50, 50, 50, 50, 50
! tableau des coûts en km (-1, affectation impossible)
cout(1,1) = 1, 8,  5, 9, -1, 4, 3
cout(2,1) = 1, 7, 5, 6, 3, 5, 1
cout(3,1) = 11, 10, 8, -1, 7, 2, 1
```

```
cout(4,1) = 2, 1, -1, 8, 1, 3, 1
cout(5,1) = 1, 1, 7, 5, -1, 2, 4
cout(6,1) = 1, 1,  9, 8, -1, 1, 3
cout(7,1) = -1, 1, 8, -1, 3, 2, 1
cout(8,1) = 11, 1, 6, -1, 7, 4, 2
cout(9,1) = 2, 1, 5, -1, 1, 5, 7
cout(10,1) = -1, 8, 1, 3, -1, 6, 8
cout(11,1) = 7, 9, 1, 4, -1, -1, 2
cout(12,1) = -1, 7, 5, -1, 3, 5, 4
cout(13,1) = 1, 3, 8, -1, 7, 3, 2
cout(14,1) = 2, -1, 1, 11, 1, 4, 7
cout(15,1) = 4, 13, 1, 5, 1, 8, 9
cout(16,1) = 2, 1, 12, 1, 1, 5, 6
cout(17,1) = 1, 12, 7, 1, 1, 5, 7
cout(18,1) = 1, 1, 9, 1, 3, 2, 1
cout(19,1) = 2, -1, 4, 1, 1, 4, 2
cout(20,1) = -1, 9, 10, 3, 1, -1, 1
CONSTRAINTS
! critère optimisé: coût total en km Haut le pied
Objec: SUM(i = 1: ni, k = 1: nk|cout(i, k)> 0)(nBus(i)*cout(i, k))*x(i, k)$
! Chaque ligne doit être remisée dans un dépôt
LIGNES(i = 1: ni): SUM(k = 1: nk|cout(i, k)> 0) x(i, k) = 1
! Contraintes de capacité des dépôts (contraintes sac à dos)
DEPOTS(k = 1 : nk) : SUM(i = 1 : ni|cout(i, k)> 0) nBus(i)*x(i, k)<
cap(k)*y(k)
! On recherche la meilleure solution avec seulement 5 dépôts
MAXDEPOT: SUM(k = 1: nk) y(k) < 5
BOUNDS
x(i = 1: ni, k = 1: nk|cout(i, k)> 0). BV.
y(k = 1: nk). BV.
GENERATE
```

La solution optimale de ce problème est donnée par XPRESS-MP en 14 secondes de temps de calcul, après avoir exploré 418 nœuds dans l'arbre du «branch and bound».

3.2. Exploiter les structures SOS (Special Ordered Sets)

On constate dans notre problème que seule une variable 0 / 1 par ligne au plus sera égale à 1. Cette information peut être directement exploitée par l'algorithme de «branch and bound». Potentiellement, si on a 7 dépôts, le nombre de configurations possibles dans la recherche des 7 variables d'affectation de chaque ligne de bus est de 2^7, même si la contrainte a) viendra limiter le nombre de solutions réalisables. Or on sait qu'il n'y a que 7 choix possibles. Donner cette information à l'algorithme permet dans de très nombreux cas de réduire considérablement le nombre de nœuds à explorer et par conséquent le temps de calcul. Cette information s'appelle **SOS** «Structure Ordonnée Spéciale» (Special Ordered Set).

Dans un SOS de type 1, une seule variable au plus du SOS est différente de 0. Cette situation est celle de notre exemple.

Dans un SOS de type 2, au plus deux variables adjacentes dans l'ensemble ordonné peuvent être différentes de 0. Ces structures SOS de type 2 sont particulièrement intéressantes pour représenter des contraintes linéaires par morceaux. Les SOS de type 2 peuvent être utilisés pour optimiser certains problèmes non linéaires.

La plupart des solveurs professionnels permettent de déclarer des structures SOS de type 1 ou 2. Dans l'exemple du problème d'affectation généralisée on va introduire dans notre modèle sous XPRESS-MP d'une part une contrainte par SOS, (contraintes REF dites de référence), permettant de préciser un ordre d'examen des variables introduites dans le SOS, et d'autre part on va déclarer les variables dans ni = 20 structures SOS de type 1. Par ailleurs, les variables x ne doivent plus être déclarées comme variables binaires (ligne correspondante mise en commentaire à l'aide du caractère « ! »).

```
! Chaque ligne doit être initialisée dans un SOS
REF(i = 1: ni): SUM(i = 1: ni, k = 1: nk|cout(i, k)> 0) k*x(i, k) $
! Déclaration de ni (ni = 20) SOS de type 1
SETS
SET1(i = 1: ni): SUM(k = 1: nk|cout(i, k)> 0) x(i, k). S1. REF(i)
BOUNDS
! x(i = 1: ni, k = 1: nk|cout(i, k)> 0). BV.
y(k = 1: nk). BV.
```

Cette modification du modèle permet maintenant d'obtenir la solution optimale en explorant seulement 67 nœuds et en 2 secondes de calcul, ce qui est un gain considérable (nombre de nœuds et temps de calcul divisés par un facteur de l'ordre de 6).

Dans un problème d'affectation optimale de flotte et de construction de rotations d'avions avec fenêtre de temps que nous avons résolu pour Air-France (cf. Bandet, [3]), le nombre de variables est égal à 20.000 environ (400 vols x 10 types d'avions possibles x 5 variantes horaires). Comme chaque vol ne peut être affecté qu'à un seul type avion et à une seule variante horaire, les 20.000 variables sont réparties dans 400 structures SOS de type 1. Cette particularité a permis des gains de temps très appréciable dans la recherche de l'optimum.

3.3. *Rajouter des contraintes (coupes)*

Une autre technique souvent très efficace en programmation linéaire en nombres entiers consiste à rajouter des contraintes supplémentaires judicieuses appelées **coupes**.

Dans une application visant à programmer les Temps d'Arrêts Périodiques des pilotes d'Air-France (Application

GERONIMO), il s'agissait de lisser au mieux une courbe de charge et le critère à maximiser était un excédent, exprimé en nombre de pilotes, que l'on pouvait mettre en évidence sur une période donnée. Lorsque l'excédent donné par le problème relâché était un nombre fractionnaire, disons 3,8, il était évident que cet excédent ne pouvait pas être supérieur à 3. En rajoutant une seule contrainte limitant en phase de post-optimisation l'excédent à son arrondi inférieur, on a pu faciliter de façon spectaculaire la résolution de ce problème : le nombre de fois où le programme donnait directement une solution entière était passé de 60 % à 95 %, et dans le cas où le problème relâché ne donnait pas de solution entière, son obtention devenait beaucoup plus facile.

Reprenons notre problème d'affectation généralisée, ne cherchons pas à être astucieux sur le plan mathématique, générons au contraire un grand nombre de contraintes supplémentaires (des coupes). Elles n'apportent strictement rien au niveau du modèle mathématique mais elles vont permettre en revanche de favoriser l'obtention de solutions entières. Si on examine la contrainte de capacité des dépôts, elle indique que si le dépôt n'est pas sélectionné ($\mathbf{y_k} = 0$), alors nécessairement tous les $\mathbf{x_{ik}}$ sont nuls, puisque les coefficients nb_i sont positifs.

$$\sum_i nb_i \, \mathbf{x_{ik}} \leq cap_k \; \mathbf{y_k} \quad \text{pour tout dépôt k}$$

Introduisons de façon explicite chaque contrainte élémentaire qui traduit qu'une affectation (i = > k) n'est pas possible si le dépôt k n'est pas sélectionné.

$$\mathbf{x_{ik}} \leq \mathbf{y_k} \quad \text{pour toute ligne i et tout dépôt k}$$

On crée ainsi 20x7 contraintes au lieu des 7 contraintes initiales.

```
! Contraintes de coupes supplémentaires
BORNE(i = 1: ni, k = 1: nk|cout(i, k)> 0): x(i, k) < y(k)
```

En introduisant ces contraintes dans XPRESS-MP, on obtient cette fois-ci la solution optimale en 39 nœuds seulement et en une seconde de calcul !!!.

Le mieux étant parfois l'ennemi du bien, vouloir trop bien faire et cumuler les deux techniques n'apporte rien sur ce problème, car on obtient la solution optimale en 161 nœuds et 5 secondes.

On donne ci-après les résultats récapitulatifs de ces essais (le caractère # désigne le nombre d'éléments non nuls dans la matrice des coefficients).

TABLEAU 25

Performances suivant les stratégies SOS et coupes

SOS	Coupes	var.	Contr.	#	0 / 1	SOS	Nœuds	Temps
non	non	127	29	374	127	0	418	14"
oui	non	127	49	494	7	20	67	2"
non	oui	127	149	614	127	0	39	1"
oui	oui	127	169	734	7	20	161	5"

CHAPITRE VIII

Exercices et corrigés

Ex 1. Méthode graphique : considérez le programme linéaire suivant, écrit sous forme canonique :

$\text{Max } 5x_1 + 10x_2$

$x_1 + x_2 < 10$

$2x_1 + x_2 < 15$

$x_1 + 3x_2 < 24$

$x_1, x_2 > 0$

Résolvez ce programme en traçant dans le plan le polygone représentant l'ensemble des solutions réalisables.

Ex 2. Ecrivez le programme précédent sous forme standard

Ex 3 A l'optimum, quelles sont les valeurs des variables de décision et des variables d'écart.

Ex 4 Résolvez avec Excel le programme de l'exercice 1

Ex 5 Modéliser et résoudre avec Excel le problème de production suivant :

Une entreprise a une capacité de production de 100 unités par mois. Le stock initial est de 50. La demande sur 12 mois est donnée par le tableau ci-dessous. Le coût de production est de 1000 F par unité. Le coût de stockage est de 10 F / unité xmois

TABLEAU 26

mois	jan	fev	ma	avr	mai	juin	juil	aou	sep	oct	nov	dec
dem	60	70	80	70	80	150	200	150	80	20	30	50

Ex 6 Ecrivez le programme dual du problème 1

Ex 7 Effectuez graphiquement l'analyse paramétrique du second membre sur la contrainte $x_1 + x_2 < 10$

Ex 8 Solutions efficaces

Dans le problème de l'exercice 1, on ajoute le critère

$\text{Max } F_2 = 8x_1 + x_2$

8.1 Calculez le point idéal.

8.2 Quelles sont les solutions efficaces ?

8.3 Quel est le tableau des gains ?

Ex 9 Coûts non linéaires

On considère une structure de coûts dégressifs en fonction des quantités : 1500 F / unité si $Q \leq 200$,

1200 F / unité si $200 < Q \leq 500$, 1000 F / unité si $Q > 500$.

Modélisez ce critère en introduisant des variables 0 / 1 appropriées. Peut-on tirer parti de structures SOS ?

Eléments de réponses

Ex1 : Polyèdre O, A = (0,8), B = (3,7), C =(5,5), D =(15/2,0)

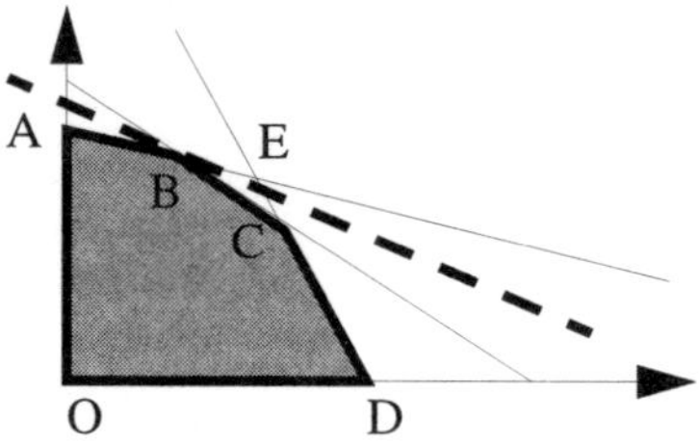

F(B) = 85
F(A) = 80
F(C) = 75

Ex2 :

Max 5x1 +10x2
x1 + x2 + e1 = 10
2x1 + x2 + e2 = 15
x1 + 3x2 + e3 = 24
x1, x2 > 0

Ex3 :

x1 = 3, x2 = 7, e1 = 0, e2 = 2, e3 = 0

Ex6 :

Min 10 y1 + 15 y2 + 24 y3
y1 + 2y2 + y3 > 5
y1 + y2 + 3y3 > 10
y1, y2, y3 > 0

Ex 7 :

E = (21/5,33 / 5) Contrainte x1 +x2 < 10 (= b2)

Si b2 augmente jusqu'à 54 / 5, l'optimum F passe de B à E, et reste à E pour des valeurs supérieures.
Si b2 diminue de 10 à 8, l'optimum passe de B à A, et s'il diminue jusqu'à 0 F s'annule.

Ex8 :

Max F2 = 8x1 + x2 conduit à la solution D avec F2(D) = 60.

8.1 : Le point idéal a pour coordonnées dans l'espace des critères F1 = 85, F2 = 60

8.2 : Solutions efficaces : segments BC et CD.

8.3 : Tableau des gains :

sol	F1	F2
B	85	41
D	75 / 2	60

Ex9 : On introduit les 3 quantités X1, X2 et X3 et 3 variables booléennes associées λ1, λ2, λ3

Min 1500 X1 + 1200 X2 + 1000 X3
Q = X1 + X2 + X3
λ1 + λ2 +λ3 = 1 (SOS type 1)
0 < X1 < 200 λ1
200 λ2 < X2 < 500 λ2
500 λ3 < X3

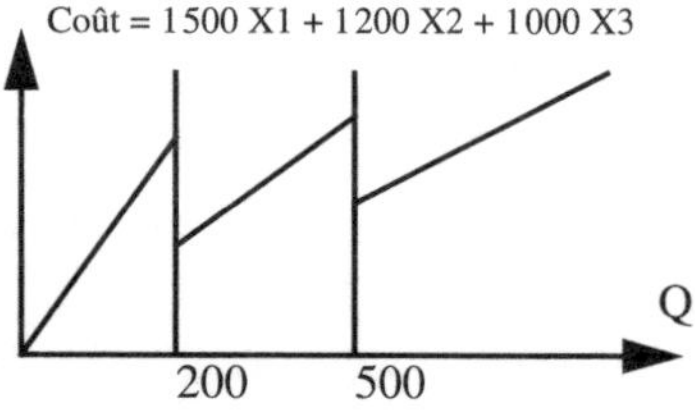

BIBLIOGRAPHIE

[1] **Abadie** J. et **Carpentier** J. "Generalization of the Wolfe reduced gradient method to the case of non linear constraints", in *Optimizations*, chap4, R Fletcher ed., Academic Press, 1969

[2] **Benayoun** R., **de Mongolfier** J., **Tergny** J. et **Larichev** O., "Linear Programming with multiple objective functions : Step Method (STEM)", *Mathematical Programming 1(2),* p. 366-373, 1971

[3] **Bandet** P.O."ARMADA,logiciel d'affectation de la flotte moyen-courier et de construction des rotations", in *Optimisation Industrielle et Programmation Linéaire - Technologies et Applications , AFCET,* p.71-81, novembre 1993

[4] **Blondet** C., "La Formulation des Aliments du Bétail", in *Optimisation Industrielle et Programmation Linéaire - Technologies et Applications , AFCET,* p.71-81, novembre 1993

[5] **Boussard** J.M et **Daudin** J-J., *La programmation linéaire dans les modèles de production,* Masson, 1988

[6] **Charnes** A. et **Cooper** W.W, *Management models and industrial applications of linear programming,* vol1, Wiley, 1961

[7] **Dantzig** G.B., *Linear programming and extensions,* Princeton University Press, 1963

[8] **Gondran** M. et **Minoux** M., *Graphes et algorithmes,* Eyrolles, 1979

[9] **Heurgon** E. "Un problème de recouvrement : l'habillage des horaires des lignes d'autobus", *R.A.I.R.O.,* 1, p.13-29, 1972

[10] **Hillier** F.S. et **Lieberman** G.J., *Introduction to Operations Research,* Mc Grarw-Hill, 1990

[11] **Jacquet-Lagrèze** E., "A projected gradient method for linear programming", *Cahier du Lamsade N° 79,* Université Paris Dauphine, 1987

[12] **Jacquet-Lagrèze** E., "Programmation linéaire avec Gradient-Lp. Une méthode de gradient projeté non orthogonale", *Operational Research'90*, Bradley(ed), North Holland 1991

[13] **Jacquet-Lagrèze** E. et **Mezziani** R., "Linear programming and interactivity - a manpower scheduling DSS", *Operational Research'87*, Rand(ed), North Holland 1988

[14] **Jacquet-Lagrèze** E. et **Montaut** D., "Modélisation avancée en programmation linéaire. : exemples et applications", in *Optimisation Industrielle et Programmation Linéaire - Technologies et Applications , AFCET,* p.1-23, novembre 1993

[15] **Jacquet-Lagrèze** E. et **Siskos** J., *Méthode de décision multicritère,* Edition Hommes et Techniques, 1983

[16] **Karmakar** N., "A new polynomial time algorithm for linear programming", *Combinatorica,* p.373-395, 1984

[17] **Khachiyan** L.G. " A polynomial algorithm in linear programming", *Soviet Mathematics Doklady,* 20, p.191-194, 1979

[18] **Klee** V. et **Minty** G.J., "How good is the simplex algorithm" in *Inequalities III,* Shisha Os eds, Academic Press, 1972

[19] **Lavoie** S., **Minoux** M. et **Odier** E. "A new approach for crew pairing problems by column generation with application to air transportation", EJOR, vol35, p.45-58, 1988

[20] **Minoux** M., *Programmation mathématique : théorie et algorithmes* , tomes 1et 2, Dunod, 1993

[21] **Noisier** J.C "Optimisation Intégrée des Raffineurs du groupe TOTAL", in *Optimisation Industrielle et Programmation Linéaire , AFCET,* p.96-106, novembre 1991

[22] **Sharda** R. et **Rampal** G., "Algebraic Modeling Languages on PCs", *OR/MS Today* , p58-63, june 1995

[23] **Roseaux**, *Exercices et problèmes résolus de recherche opérationnelle, tome 3, programmation linéaire et extensions,* ESI, Paris, 1987

[24] **Rosen** J. B., "The gradient projection method for nonlinear programming, part 1, *Journal of S.I.A.M.,* 8, p.181-217, 1960

[25] **Roy** B., *Algèbre moderne et théorie des graphes orientées vers les sciences économiques et sociales,* tomes 1et 2, Dunod, 1969-19970

[26] **Roy** B. et **Bouyssou** D., *Aide multicritère à la décision : méthodes et cas,* Economica, 1993

[27] **Teghem** J., *Programmation linéaire,* Ellipses-Editions de l'Université de Bruxelles, 1996

[28] **Vincke** P., *L'aide multicritère à la décision,* Ellipses-Editions de l'Université de Bruxelles, 1989

[29] **XPRESS**, User guide, Dash Associates, 1984-1997

INDEX des MOTS CLÉS

A

Activité....20
Agrégation lexicographique....63
Arêtes....15

B

Base....30
Base avancée....33

C

C++....47
Coefficient....19
Column....54
Compensatoire....63
Contrainte dure....65
Contrainte flexible....63, 65
Contraintes de goal....65
Convexe....28
Convexité....15
Coupes....99
Coût....19
Coût réduit....31
Crashing....33, 47
Critère....20
Critères de Dantzig....31

D

Densité....25
Dominance....73
Dualité....51
Dual-simplexe....84

E

Efficace....74
Eléments non nuls....20

F

Faces....15
Flot....89
Fonction objectif....20

Forme algébrique 21
Forme canonique...21
Forme matricielle 22
Forme standard 29
Forme tableau 22

G

Génération de colonnes..18
Goal programming 63, 64
Gradient projeté 34
Gradient réduit généralisé 34

I

Itération 31

L

Lissage 70

M

Méthode des barrières 35
Méthode des deux phases 33
Méthode du simplexe..15, 29
Méthode duale..54
Méthode intérieure 35
MinMax 77
Modeleur..17
Multicritère 63

N

NP complet 35

O

Optimisation...6

P

Pareto-optimale 74
Pivotage 22, 31
Plus grande pente 15
Point idéal 77
Point nadir..77
Polyèdre 15, 28
Polygone 15
Problème d'affectation..89
Problème de construction d'horaires 11

Problème de mélange 9
Problème de transport 7
Programmation linéaire 5
Programmation mathématique non linéaire 33
Programmation quadratique 33
Programme d'affectation généralisée 96
Programme dual 52
Programme linéaire 14
Programme primal 52
Programme réalisable 7, 28

R

Row 54

S

SIAD 6
Simplexe 29
Solution efficace 73
Solution idéale 77
Solution robuste 71
Solveur 16
Sommet 30
SOS 97

T

Tableau des gains 76

U

Unimodulaire 89

V

Valeur duale 51
Variable 20
Variable artificielle 32
Variable binaire 79
Variable d'écart 29
Variable de goal 65
Variable duale 51

TABLE DES MATIÈRES

CHAPITRE I
Aide à la décision et Optimisation 5

1. Importance de l'optimisation dans la gestion...................... 5
2. Trois exemples introductifs... 7
   - 2.1. Le problème de transport.. 7
   - 2.2. Le problème de mélange: la formulation d'aliment.... 9
   - 2.3. Le problème de constructions d'horaires 11
3. Origines de la Programmation Linéaire 14
4. Quels outils informatiques pour mettre en œuvre les méthodes de résolution?.. 16
   - 4.1. L'optimisation dans les tableurs (Excel).................. 16
   - 4.2. Les principaux solveurs... 16
   - 4.3. Langages de modélisation: les modeleurs................ 17
     - 4.3.1.Principe des modeleurs: exemple de XPRESS-MP 17
     - 4.3.2.LP-TOOLKIT d'EURO-DECISION 18

CHAPITRE II
Programmation linéaire continue: modélisation et résolution 19

1. Modélisation: variables, contraintes, critères 19
   - 1.1. Modélisation algébrique.. 19
   - 1.2. Différentes formes d'un programme linéaire............ 21
     - 1.2.1.Forme algébrique d'un programme linéaire..... 21
     - 1.2.2.Forme matricielle 22
     - 1.2.3.Représentation sous forme de tableau............. 22
2. Modélisation des trois problèmes exemples 23
   - 2.1. La formulation d'aliments pour animaux................. 23
   - 2.2. Le problème de transport... 24
     - 2.2.1.Modélisation mathématique 24
     - 2.2.2.Illustration de la forme tableau sur l'exemple numérique... 25
   - 2.3. Le problème de la construction d'horaires................ 26
3. Programmation mathématique: un peu de théorie 27

3.1. Convexité et optimalité 27
3.2. La méthode du simplexe 29
3.2.1.Programme linéaire sous forme standard......... 29
3.2.2.Correspondance base – sommet 30
3.2.3.Changement de base, itération et arête............ 31
3.2.4.Tests d'optimalité, critères de Dantzig............ 31
3.2.5.Base de départ et variables artificielles 32
3.3. Aperçu sur la programmation mathématique non linéaire 33
3.3.1.Programmation quadratique 33
3.3.2.Méthodes intérieures en programmation mathématique 34
3.3.3.Méthodes intérieures en programmation linéaire.. 34

CHAPITRE III
Résolution informatique de programmes linéaires 37
1. Résolution avec Excel 37
1.1. Le problème de transport.. 37
1.2. Le problème de formulation d'aliments 39
1.3. Le problème de construction d'horaires................... 41
2. Résolution à l'aide du modeleur XPRESS-MP 42
2.1. Le problème de transport.. 42
2.2. Le problème de formulation d'aliments 44
2.3. Le problème de construction d'horaires................... 45
3. Résolution à l'aide de LP-TOOLKIT 47
3.1. Principe... 47
3.2. Modèle de transport en C++..................................... 48
3.3. Modèle de transport en Visual Basic........................ 49

CHAPITRE IV
Dualité et Analyse Post-Optimale 51
1. La dualité.. 51
1.1. .... Définition et théorie 51
1.1.1.Variable duale associée à une contrainte 51
1.1.2.Programme dual 52

1.2. Analyse duale du problème de transport 54
1.2.1. Informations duales relatives aux contraintes .. 54
1.2.2. Informations duales relatives aux variables 57
2. Analyse de sensibilité 57
2.1. Analyse de sensibilité du second membre (problème transport) 57
2.2. Analyse de sensibilité des coûts (problème de formulation) 59
3. Analyse paramétrique du second membre 60

CHAPITRE V
Goal Programming et critères multiples 63

1. Agrégation lexicographique des critères 63
2. Le «goal programming» une méthode pour modéliser des contraintes flexibles 64
2.1. .... Principe 65
2.2. La construction des horaires avec effectifs limités et déficit sur la couverture de la charge 67
2.2.1. Modélisation avec variables et contraintes de goal 67
2.2.2. Mise en œuvre avec XPRESS-MP 68
2.2.3. Résultats 69
2.3. Goal programming et modélisation du lissage 70
2.3.1. Les solutions d'un PL sont naturellement peu lissées 70
2.3.2. Lissage avec répartition des excédents 71
3. Solutions efficaces et recherche interactive 73
3.1. Dominance et efficacité 73
3.1.1. Dominance 73
3.1.2. Efficacité 74
3.2. Recherche de solutions «efficaces» dans la construction des horaires 75
4. La programmation linéaire multicritère 76
4.1. Forme algébrique d'un programme linéaire multicritère 76
4.2. Le tableau des gains et point idéal 76
4.3. Recherche de solutions à distance minimale de la solution idéale 77

CHAPITRE VI
Programmation linéaire en nombres entiers (PLNE) 79
1. Des variables entières pour modéliser des situations de sélection........ 79
1.1. Modélisation du problème de transport avec choix des dépôts 79
1.2. Résolution du problème à l'aide d'XPRESS-MP 80
2. Méthode arborescente de recherche de solutions entières («branch and bound») 82
2.1. Principe de la méthode «branch and bound» 83
2.1.1.résolution du problème relâché 83
2.1.2.construction d'un arbre de recherche de solutions entières 83
2.2. Commentaire sur la résolution du problème de transport........ 85
2.3. Le branch and bound comme méthode approchée 87

CHAPITRE VII
La PLNE pour résoudre des problèmes complexes 89
1. Programmes linéaires naturellement entiers: flots sur des graphes 89
2. Problèmes de recouvrement-partitionnement 91
2.1. Définitions et modélisation 91
2.2. Construction d'horaires avec affectation de tâches... 93
2.3. Aperçu sur les techniques de génération de colonnes 94
3. Modélisations pour diminuer la complexité de calcul 95
3.1. Le problème du remisage des bus 95
3.2. Exploiter les structures SOS (Special Ordered Sets) 97
3.3. Rajouter des contraintes (coupes) 98

CHAPITRE VIII
Exercices et corrigés 101
BIBLIOGRAPHIE 103
INDEX des MOTS CLÉS 105
TABLE DES MATIÈRES 109

Composé par Economica, 49, rue Héricart, 75015 PARIS
Imprimé en France. -JOUVE, 18, rue Saint-Denis, 75001 PARIS
N° 251507D. - Dépôt légal : Janvier 1998